高职高专实验实训"十二五"规划教材

电子技术及应用实验实训指导

主　编　刘正英　王光福

副主编　刘廷敏

主　审　黄　宁

U0319012

北　京

冶金工业出版社

2015

内 容 简 介

本书分为模拟电子技术实验项目和数字电子技术实验项目两个模块。其中模拟电子技术实验项目安排了 15 个项目课题，涉及常用电子仪器使用、各种放大电路、单相桥式整流滤波电路等内容；数字电子技术实验模块安排了 11 个项目课题，涉及基本集成逻辑门电路、组合逻辑电路、时序逻辑电路等内容。

本书适用于高等职业院校工科电类与非电类专业，也可作为成人专科教育和中等职业学校教材及企业工程技术人员的培训参考书。

图书在版编目（CIP）数据

电子技术及应用实验实训指导/刘正英，王光福主编 . —北京：冶金工业出版社，2015.7

高职高专实验实训"十二五"规划教材

ISBN 978-7-5024-6989-4

Ⅰ. ①电… Ⅱ. ①刘… ②王… Ⅲ. ①电子技术—实验—高等学校—教学参考资料 Ⅳ. ①TN－33

中国版本图书馆 CIP 数据核字（2015）第 157993 号

出版人 谭学余
地 址 北京市东城区嵩祝院北巷 39 号 邮编 100009 电话 （010）64027926
网 址 www.cnmip.com.cn 电子信箱 yjcbs@cnmip.com.cn
责任编辑 俞跃春 贾怡雯 美术编辑 杨 帆 版式设计 葛新霞
责任校对 郑 娟 责任印制 李玉山
ISBN 978-7-5024-6989-4
冶金工业出版社出版发行；各地新华书店经销；北京百善印刷厂印刷
2015 年 7 月第 1 版，2015 年 7 月第 1 次印刷
148mm×210mm；4.125 印张；123 千字；125 页
15.00 元

冶金工业出版社 投稿电话 （010）64027932 投稿信箱 tougao@cnmip.com.cn
冶金工业出版社营销中心 电话 （010）64044283 传真 （010）64027893
冶金书店 地址 北京市东四西大街 46 号（100010） 电话 （010）65289081（兼传真）
冶金工业出版社天猫旗舰店 yjgycbs.tmall.com
（本书如有印装质量问题，本社营销中心负责退换）

前　言

　　本书是课程项目化改革成果之一，具有工学结合特色，符合"电子技术及应用"课程对电子技术实验项目的基本要求。通过本课程的学习，学生能够掌握常用的电工电子仪器设备的使用方法、应用型工程技术人员必须具备的电子技术实训的理论知识，具备较强的实践能力，可以为学习后续课程及从事实际工作奠定良好的基础。

　　本书力求内容与编排的可选择性，教学要求不同的强电、弱电、机电一体化及其他工科专业都适用。根据不同的教学大纲，本书既可作为电类专业"模拟电子技术"、"数字电子技术"等课程的实验教学用书，也可作为非电类专业"电工与电子技术"等课程的配套教材，也可单独设课，还可用于电工电子综合实训及课外科技活动，在教学过程中，要重视联系工程实际，减少验证性实验，加强动手性、组织性和综合性实验；选择时要由浅入深，循序渐进，力求达到最佳效果。

　　本书由刘正英、王光福担任主编，刘廷敏担任副主编，黄宁担任主审。参加编写的教师有刘廷敏（项目1至项目5）、仇礼娟（项目6至项目10）、叶丽翔（项目11至项目13）、龙关锦（项目14至项目15）、王光福（项目16至项目18）、杨拥华（项目19至项目20）、刘正英（项目21至项目26）。

在本书的编写过程中，还得到了外聘专家刘自彩的大力支持，在此表示衷心的感谢！

本书可作为《电子技术及应用》（冶金工业出版社 2015 年 8 月出版）的配套实验实训教材。

由于编者水平所限，书中不妥之处，敬请广大读者批评指正。

编　者

2015 年 5 月

目　录

模拟电子技术实验

项目1　常用电子仪器的使用

1.1　项目目的

（1）学习电子技术实验台的使用方法。

（2）初步掌握用双踪示波器观察正弦信号波形和读取波形参数的方法。

1.2　项目内容

（1）函数信号发生器的使用。

（2）直流稳压电源、交流毫伏表的使用。

（3）示波器的使用。

1.3　项目设备及元器件

（1）直流稳压电源；（2）函数信号发生器；（3）直流稳压电源；（4）交流数字毫伏表；（5）双踪示波器；（6）电子技术实验台；（7）屏蔽线。

1.4　项目原理

交流毫伏表只能在其工作频率范围之内使用，用来测量正弦交流电压的有效值。为防止过载而损坏，测量前应先把量程开关置于量程较大位置上，然后在测量中逐挡减小量程。

（1）本仪器能对正弦波、方波、三角波等信号的有效值进行精确测量。

（2）测量电压范围 $100\mu V \sim 600V$（有效值）。

（3）测频范围 10Hz～1.5MHz。

1.4.1　函数信号发生器（TH – SG01P 型）的使用

（1）信号发生器面板介绍及各旋钮的作用讲解。

1）电源开关。电源开关按键弹出即为"关"位置，按下电源开关，接通电源。

2）LED 显示窗口。此窗口指示输出信号的频率，当"外测"开关按下，显示外测信号的频率。如超出测量范围，溢出指示灯亮。

3）频率调节旋钮。调节此旋钮改变输出信号频率，顺时针旋转，频率增大，逆时针旋转，频率减小，微调旋钮可以微调频率。

4）占空比开关。占空比调节旋钮，将占空比开关按下，占空比指示灯亮，调节占空比旋钮，可改变波形的占空比。

5）波形选择开关。按对应波形的某一键，可选择需要的波形。

6）衰减按钮。电压输出衰减按钮，二挡开关组合为 20dB、40dB、60dB，分别表示衰减 10 倍、100 倍、1000 倍。

7）外测频开关、复位开关。此开关按下，LED 显示外测信号频率；按复位键，LED 显示全为 0。

8）电平调节。按下电平调节开关，电平指示灯亮，此时调节电平调节旋钮，可改变直流偏置电平。

9）幅度调节旋钮。顺时针调节此旋钮，增大电压输出幅度，逆时针调节此旋钮可减小电压输出幅度。

10）电压输出端口。电压由此端口通过屏蔽线输出。

11）电压输出指示。3 位 LED 显示输出电压值，输出接 50Ω 负载时应将读数除以 2。

（2）使用方法。

将电压输出信号由电压输出端口通过屏蔽线送入示波器 Y 输入端口。

（3）三角波、方波、正弦波、斜波的产生。

1）将波形选择开关分别选择正弦波、方波、三角波。此时示波器屏幕上将分别显示正弦波、方波、三角波。

2）改变频率选择开关，示波器显示的波形以及 LED 窗口显示的频率将发生明显变化。

3）幅度旋钮。顺时针旋转，示波器显示的波形幅度将增大。

4）将电平开关按下，顺时针旋转电平旋钮，示波器波形向上移动，逆时针旋转，示波器波形向下移动，最大变化量 ±10V 以上。注意信号超过 ±10V 或 ±5V(50Ω) 时被限幅。

5）按下衰减开关，输出波形将被衰减。

6）波形开关置于"三角波"。

7）占空比开关按下，指示灯亮。

8）调节占空比旋钮，三角波将变成斜波。

1.4.2 示波器（YB4325 型）的使用

示波器是一种用途很广的电子测量仪器，它既能直接显示电信号的波形，又能对电信号进行各种参数的测量。现着重指出下列几点。

（1）寻找扫描光迹。将示波器 Y 轴显示方式置"Y1"或"Y2"，输入耦合方式置"GND"，开机预热后，若在显示屏上不出现光点和扫描基线，可按下列操作去找到扫描线：

1）适当调节亮度旋钮。

2）触发方式开关置"自动"。

3）适当调节垂直（↕）、水平（⇄）"位移"旋钮，使扫描光迹位于屏幕中央（若示波器设有"寻迹"按键，可按下"寻迹"按键，判断光迹偏移基线的方向）。

（2）双踪示波器一般有五种显示方式，即"Y1"、"Y2"、"Y1 + Y2"三种单踪显示方式和"交替"、"断续"两种双踪显示方式。"交替"显示一般适合在输入信号频率较高时使用；"断续"显示一般适宜于输入信号频率较低时使用。

（3）为了显示稳定的被测信号波形，"触发源选择"开关一般选为"内"触发，使扫描触发信号取自示波器内部的 Y 通道。

（4）触发方式开关通常先置于"自动"，调出波形后，若被显示的波形不稳定，可置触发方式开关于"常态"，通过调节"触发电平"旋钮，找到合适的触发电压，使被测试的波形稳定地显示在示波器屏幕上。有时，由于选择了较慢的扫描速率，显示屏上将会出现闪烁的光迹，但被测信号的波形不在 X 轴方向左右移动，这样的现象仍属于稳定显示。

（5）适当调节"扫描速率"开关及"Y 轴灵敏度"开关，使屏幕上显示 1～2 个周期的被测信号波形。在测量幅值时，应注意将"Y 轴灵敏度微调"旋钮置于"校准"位置，即顺时针旋到底，且听到关的声音。在测量周期时，应注意将"X 轴扫速微调"旋钮置于"校准"位置，即顺时针旋到底，且听到关的声音。还要注意"扩展"旋钮的位置。

根据被测波形在屏幕坐标刻度上垂直方向所占的格数（div 或 cm）与"Y 轴灵敏度"开关指示值（V/div）的乘积，即可算得信号幅值的实测值。

根据被测信号波形一个周期在屏幕坐标刻度水平方向所占的格数（div 或 cm）与"扫速"开关指示值（t/div）的乘积，即可算得信号频率的实测值。

1.5　步骤

（1）接通实验台电源控制板的电源。

（2）从信号发生器输出所需信号。

按图 1－1 连接好实验线路，将信号发生器的功能转换按钮分别置于正弦波、方波、三角波，调节其频率调节旋钮和幅值旋钮，使其分别输出表 1－1 中的要求信号，在该表中记录信号发生器面板上有关旋钮的位置。

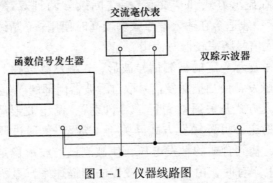

图 1－1　仪器线路图

表 1-1　信号发生器与交流毫伏表测量及示波器波形观察

要求输出信息	信号发生器面板旋钮位置		交流毫伏表		示波器观察波形
	频率倍率选择	输出衰减/dB	量程选择	读数	
正弦波 540Hz 68mV					
方波 180mV 50kHz					
三角波 5.4V 420kHz					

（3）示波器。

1）观察表 1-1 中 3 个输入信号的波形。

2）测量正弦交流电压的峰-峰值和周期，将结果填入表 1-2 中。

①根据被测信号，设置示波器的初始工作状态，将输入选择开关置于"AC"位置，将被测信号的直流分量隔开，然后从 Y 轴输入正弦信号，调整示波器面板上相应的旋钮按键，使荧光屏上显示稳定的正弦波形。

②根据标尺（单位格）读出从正峰到负峰 Y 轴偏转的距离（格数）。

③根据输入偏转因数"V/格"旋钮所指的位置读数，每格偏转电压值乘以峰-峰之间的 Y 轴偏转距离就为峰-峰值电位。峰-峰值电压知道了，电压的有效值也可计算出来。

④根据标尺（单位格）读出从一个峰到相邻的另一个峰 X 轴偏转的距离。

⑤根据输入偏转因数"s/格"开关所指的位置读数，每格偏转时间值乘以一个波长之间的 X 轴偏转距离就为周期。

表 1-2　示波器测量及计算值

信号频率	示波器测量值		交流毫伏表读数有效值/V	示波器测量值	
	读出周期/ms	计算频率/Hz		读出峰-峰值/V	计算有效值/V
100Hz					
1kHz					
40kHz					

1.6　注意事项

（1）函数信号发生器的输出端不允许短接。

（2）示波器输入信号的电压请勿超过规定的最大值。

（3）为防止示波器显示器的荧光屏烧毁，波形显示的亮度要适中。

（4）用示波器的 X－Y 方式时，请勿使用 ×10MAG 功能，以免波形中有干扰信号产生。

（5）示波器暂时不用时，不必关机，只需将"辉度"调暗一些。

（6）示波器上所有开关和旋钮都有一定的调节范围，按顺时针或逆时针方向调节时不可用力过猛。

1.7　报告要求

（1）整理实验数据，并进行分析。

（2）问题讨论：如何操纵示波器有关旋钮，以便从示波器显示屏上观察到稳定、清晰的波形？

（3）问题讨论：函数信号发生器有哪几种输出波形？它的输出端能否短接，如用屏蔽线作为输出引线，则屏蔽层一端应该接在哪个接线柱上？

（4）问题讨论：交流毫伏表是用来测量正弦波电压还是非正弦波电压，它是否可以用来测量直流电压的大小？

项目2　二极管应用电路

2.1　项目目的

（1）利用二极管的特有性能，进一步学会使用示波器及信号发生器。

（2）观测二极管组成的钳位、限幅电路对脉冲波形的变换作用，建立脉冲的初步概念。

2.2　项目内容

(1) 二极管限幅电路测试。
(2) 二极管钳位电路测试。

2.3　项目设备及元器件

(1) 直流稳压电源；(2) 信号发生器；(3) 交流数字毫伏表；(4) 示波器；(5) 二极管 2AP 或 IN4007。

2.4　项目原理

二极管在外加信号的作用下反复导通或截止，这种状态称为开关状态，由二极管的伏安特性可知，加在二极管上的电压 $U_F > 0.5V$ 时，管子流过较小的电流 I_F，当 $U_F \geqslant 0.7V$ 左右时，管子流过较大的电流 I_F，并且 I_F 在一定的范围内变化时 U_F 基本保持有 0.7V 左右，因此二极管的导通条件为 $U_F \geqslant 0.7V$。一旦二极管导通后，其两端电压很小（0.7V 左右）。因而可近似看作是一个闭合开关，如图 2-1 所示。

图 2-1　开关闭合（正向接法）

由二极管的特性曲线还可以看出，当 $U_F < 0.5V$ 时，流过二极管的电流 $I_F \approx 0$。因此二极管的截止条件为 $U_F < 0.5V$。当二极管截止后，由于 $I_F \approx 0$，就像一个断开了的开关，如图 2-2 所示。

图 2-2　开关断开（反向接法）

由此可见，二极管的导通和截止起着控制输出电路和接通的作用，即二极管相当于一个开关。开和关的电压特性取决于加在二极管上的电压特性。利用二极管的电压特性，就可以对正弦和脉冲信号的波形进行变换，如二极管限幅电路（图 2-3），二极管钳位电路（图2－4）等。

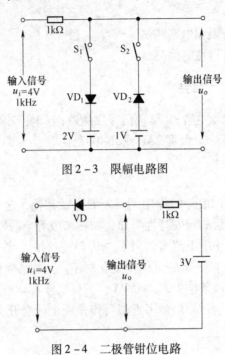

图2－3　限幅电路图

图2－4　二极管钳位电路

2.5　步骤

2.5.1　限幅电路

2.5.1.1　实验线路及输入信号

限幅电路的作用是把输出信号波形的幅度限制在一定的范围内，因此也叫削波电路，利用二极管的开关特性，并加上一个限幅参考电压就可以组成一个限幅电路，限幅电路如图2－3所示。

2.5.1.2　实验步骤

（1）按图2－3在实验台上接好线路。

（2）调节信号发生器使其输出正弦信号 u_i，频率为1000Hz，输出电压有效值为4V。

（3）闭合 S_1 后用双踪示波器观察正向限幅电路输入输出波形，

并记录于表2－1中。

（4）S_1 断开、S_2 闭合，用双踪示波器观察反向限幅电路输入输出波形，并记录于表2－1中。

（5）将 S_1、S_2 同时闭合，用双踪示波器观察正向、反向限幅电路同时作用时的输入输出波形并记录于表2－1中。

表2－1　限幅电路输入输出波形

开关状态	S_1 闭合、S_2 断开	S_1 断开、S_2 闭合	S_1、S_2 同时闭合
输入波形			
输出波形			

2.5.2　二极管钳位电路

利用二极管的开关特性，可以组成钳位电路。钳位电路能够把一个信号的最大值或最小值固定在一个极限电平上而不改变输入信号的波形形状。

（1）实验电路如图2－4所示。

（2）实验步骤：

1）按图2－3在实验台上接好线路。

2）调节信号发生器使其输出方波信号 u_i，频率为1000Hz，输出电压的有效值为4V。

3）用双踪示波器观察钳位电路的输入输出波形并记录于表2－2中。

表2－2　二极管钳位电路输入波形、输出波形

输入波形	输出波形

2.6　注意事项

(1) 连接线路时，一定要注意二极管的极性。

(2) 直流可调电源一定要事先调好。

2.7　报告要求

(1) 将测得的波形画在报告纸上，并对它们分析讨论。

(2) 根据上述讨论回答限幅和钳位原理。

项目3　稳压二极管及发光二极管的应用

3.1　项目目的

(1) 熟悉稳压二极管的性能和使用方法。

(2) 熟悉发光二极管的性能和使用方法。

3.2　项目内容

(1) 稳压二极管测试。

(2) 发光二极管测试。

3.3　项目设备及元器件

(1) 电子技术实验台；(2) 直流稳压电源；(3) 直流数字电压/电流表；(4) 稳压二极管2CW52、2CW57、2DW231；(5) 发光二极管；(6) 电阻 (1kΩ)。

3.4　项目原理

3.4.1　稳压二极管

稳压管是一种特殊的面接触型硅二极管，其符号和伏安特性曲线如图3-1所示，它的正向特性曲线与普通二极管相似，而反向击穿特性曲线很陡。正常情况下稳压管工作在反向击穿区，由于曲线很陡,反向电流在很大范围内变化时,端电压变化很小,因而具有稳压作用。只要反向电流不超过其最大稳定电流,就不会形成破坏性的热击穿。因此,在电路中应与稳压管串联适当阻值的限流电阻。

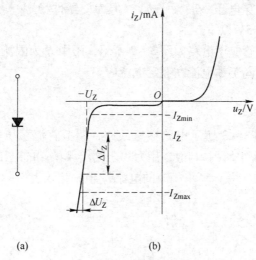

(a)　　　　　　　　(b)

图3-1　稳压管符号及伏安特性曲线

（a）符号；（b）伏安特性曲线

3.4.2　发光二极管（LED）

发光二极管简称 LED,是一种通以正向电流就会发光的二极管,它用某些自由电子和空穴复合时就会产生光辐射的半导体制成,采用不同材料,可发出红色、黄色、绿色、蓝色光,其电路符号如图3-2所示。

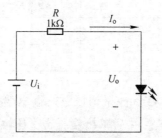

图3-2　发光二极管测试电路

发光二极管的伏安特性与普通二极管相似，不过它的正向导通电压大于1V，同时发光的亮度随通过的正向电流增大而增强，工作电流为几个毫安到几十毫安，典型工作电流为10mA左右。发光二极管的反向击穿电压一般大于5V，但为使器件稳定、可靠地工作，应使其工作在5V以下。

发光二极管应用电路如图3-2所示，图中R为限流电阻，以使发光二极管正向工作电流在额定电流内。

3.5 步骤

（1）按图3-3所示电路接好线路，调节直流稳压电源输出电压，按表3-1中所列U_I值，用万用表测出R两端的电压U_R及相应的输出电压U_o，并计算出相应的电流I_Z值，记入表3-1中。

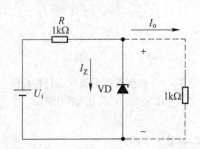

图3-3 稳压管稳压电路测试

表3-1 稳压管稳压特性

U_i/V	5	7	9	11	13	14	15
U_o/V							
U_R/V							
I_Z/mA							

（2）将U_i调至14V，测量稳压电路输出端接入和断开R_L时的输出电压U_o的变化量，然后求出稳压管稳压电路的输出电阻$R_o = \Delta U_o/\Delta I_o$，均记于表3-2中。

表 3 – 2 稳压管输出电阻测试

$U_i = 14V$	U_o/V	U_R/V	I_o/mA	I_Z/mA	R_o
$R_L = \infty$					
$R_L = 1k\Omega$					

（3）按如图 3 – 2 所示电路接线，进行发光二极管电路的测试。电源电压 U 分别为直流电压 1V、1.5V、2V、3V、4V、5V，测出管子端电压，计算电流并观察亮度的变化，记于表 3 – 3 中。

表 3 – 3 发光二极管的测试

U_i/V	1.5	2.0	3.0	4.0	5.0
U_o/V					
I/mA					
亮度情况					

3.6 注意事项

（1）可调直流电源通电前一定要处于电压为"0"的位置。
（2）线路连接时，务必注意稳压二极管的管脚。

3.7 报告要求

（1）测试数据整理。
（2）总结稳压管、发光二极管的主要性能特点。

项目 4 单相桥式整流滤波电路

4.1 项目目的

（1）掌握单相桥式整流滤波电路的测试方法。
（2）观察单相桥式整流滤波电路的输入、输出波形，测量输入、输出电压并验证它们之间的量值关系。
（3）进一步熟悉使用示波器。

4.2 项目内容

(1) 单相桥式整流电路输入、输出量值关系及波形观察。

(2) 单相桥式整流滤波电路输入、输出量值关系及波形观察。

4.3 项目设备及元器件

(1) 输出可调变压器；(2) 双踪示波器；(3) 二极管 IN4007；(4) 电解电容 100μF/25V；(5) 电阻 4.7kΩ/1W；(6) 电子技术实验台；(7) 交流毫伏表；(8) 直流电压表。

4.4 项目原理

项目线路如图 4 – 1 所示。

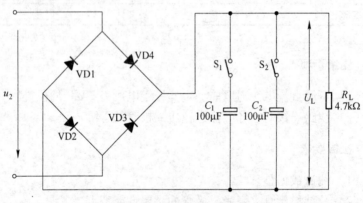

图 4 – 1　整流滤波电路图

4.4.1 整流电路

整流是把交流电转变为直流电的过程，利用二极管的单向导电性及四个二极管轮流导通可实现这一过程。单相桥式整流电路输出的直流平均电压为 $U_L = 0.9U_2$（U_2 为变压器副边输出电压值）。

4.4.2 滤波电路

为了减小整流后电压波形的纹波成分即交流成分，必须在整流

电路中加滤波电容 C（C 为电解电容），此时 $U_L = 1.2U_2$。

4.5 步骤

（1）按图 4 - 1 在实验台上连接电路。

（2）整流电路，即不接电容 C（断开 S_1、S_2）。

1）将 $U_2 = 12V$ 左右的工频交流信号接入电路，用交流毫伏表测出 U_2 的值，并用示波器观察 U_2 的波形，将观察结果填入表 4 - 1 中。

2）用直流电压表测出 R_L 两端的电压值 U_L，并通过示波器观察 U_L 的波形，填入表 4 - 1 中。

3）用交流毫伏表测出 R_L 两端的交流电压 U_L'，即交流分量，填入表 4 - 1 中。

注意：测试各电压值与观察波形不能同时进行。

表 4 - 1   全波整流电路测量

电路形式	电压 U_2 值	U_L 值	U_L' 值	输入波形 u_2	输出波形 u_L
整流电路					

（3）整流滤波电路，即接入电容 C。

开启电源，重复步骤（2）中的 1）~3），分别将结果填入表 4 - 2 中。

1）闭合 S_1，即仅接入 C_1 一个电容时，观测输入电压和输出电压的波形。

2）闭合 S_1 和 S_2，即接入 C_1 和 C_2 两个电容时，观测输入电压和输出电压的波形。

表 4 - 2　全波整流滤波电路测量

电路形式	U_2 值	U_L 值	U_L' 值	u_2 波形	u_L 波形
整流滤波电路 S_1 闭合				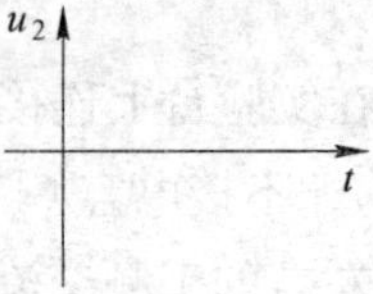	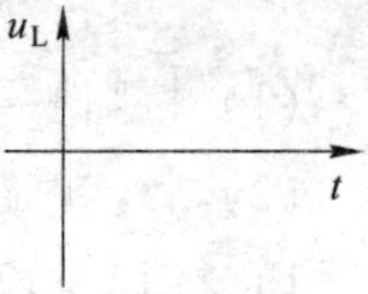
整流滤波电路，S_1 和 S_2，同时闭合				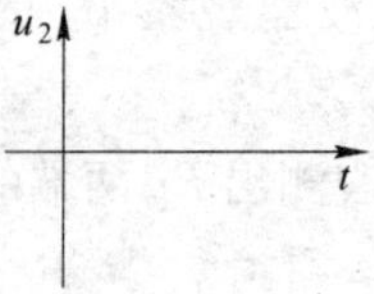	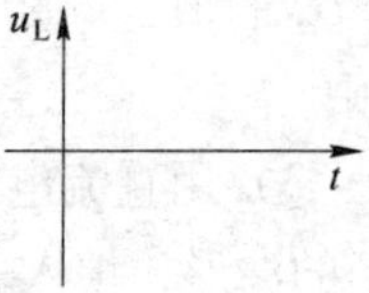

4.6　注意事项

（1）接电容时，注意其极性。

（2）接二极管时，注意其极性。

（3）测量中，波形的观察与数据的测量不能同时进行。

4.7　报告要求

（1）将测得的波形画在报告纸上，并对它们分析讨论。

（2）根据实验回答整流滤波电路原理。

项目 5　晶体三极管特性测试

5.1　项目目的

（1）通过逐点测量法实际测出晶体三极管的输入、输出特性曲线。

（2）学习用晶体管特性图示仪测试晶体三极管输出特性曲线。

5.2　项目内容

（1）输入特性曲线测试。

（2）输出特性曲线测试。

5.3　项目设备及元器件

（1）电子技术实验台；（2）直流稳压电源；（3）直流电压表；（4）直流电流表；（5）三极管9013；（6）电阻4.7kΩ；（7）电位器100kΩ；（8）电位器10kΩ。

5.4　项目原理

晶体三极管输入特性曲线是指当集电极－发射极电压 U_{CE} 为常数时，输入回路中基极电流 I_B 与基极—发射极电压 U_{CE} 之间的关系曲线即 $I_B = f(U_{BE})/U_{CE}$ = 常数，不同的 U_{CE} 可以得到不同的输入特性曲线，输入特性曲线是一组曲线。

三极管输出特性曲线是当基极电流 I_B 为常数时，输出回路中集电极电流 I_C 与集电极－发射极电压 U_{CE} 间的关系曲线即 $I_C = f(U_{CE})/I_B$ = 常数，在不同的 I_B 条件下，可以得到不同的输出特性曲线，因而，输出特性曲线也是一组曲线。

5.5　步骤

（1）按图5－1晶体三极管特性测试电路在实验台上连线。
（2）用逐点测试法测量晶体三极管输入特性曲线。

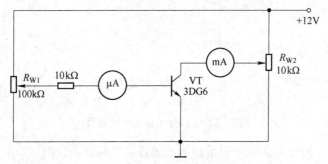

图5－1　晶体三极管特性测试电路

1）将稳压电源的输出电压调至10V后接到 V_{CC} 上。调节 R_{W2} 使

$U_{CE} = 0V$ 并保持不变，然后调节 R_{W1} 使 U_{BE} 和 I_B 由零开始逐渐增大，把相应的 U_{BE} 的值填入表 5 - 1 中，即可得到当 $U_{CE} = 0V$ 时的输入特性曲线。

表 5 - 1　$U_{CE} = 0V$ 时的输入特性曲线测量值

$I_B/\mu A$	0	2	4	5	8	10	15	20	25	30	40
U_{BE}/V											

2）调节 R_{W2} 使 $U_{CE} = 2V$ 并保持不变，重复以上步骤，将所测数据填入表 5 - 2 中，即可得到当 $U_{CE} = 2V$ 时的输入特性曲线。

表 5 - 2　$U_{CE} = 2V$ 时的输入特性曲线测量值

$I_B/\mu A$	0	2	4	5	8	10	15	20	25	30	40
U_{BE}/V											

3）根据表 5 - 1、表 5 - 2 中的数据，绘制出晶体三极管的输入特性曲线（图 5 - 2）。

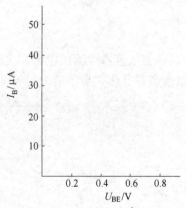

图 5 - 2　三极管的输入特性曲线

（3）用逐点测试法测量晶体三极管输出特性曲线测试。

1）电路实验线路如图 5 - 1 所示，调节 R_{W1} 使 $I_B = 0$ 并保持不变，然后调节 R_{W2} 使 U_{CE} 从零开始逐渐增大，按表 5 - 3 中的要求记下相应的 I_C 值。

2）调节 R_{W1} 使 I_B 分别为 20μA、40μA 并保持不变，重复以上步骤将相应的测量数据填入表 5 – 3 中。

表 5 – 3 三极管输出特性曲线测试

I_C/mA ＼ U_{CE}/V ＼ $I_B/μA$	0	0. 25	0. 5	0. 75	1	1. 5	2	3	5
20									
40									
60									

3）根据表 5 – 3 中的数据，绘制出晶体三极管输出特性曲线。

（4）用晶体管特性图示仪测试晶体三极管特性输出特性曲线，将输出特性曲线簇绘于三极管输出特性曲线的直角坐标系图 5 – 3 中。

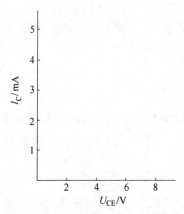

图 5 – 3 三极管的输出特性曲线

5.6 注意事项

（1）连接线路时，一定要注意电压表与电流表的合理分配。

（2）直流可调电源一定要先调到"0"的位置。

5.7　报告要求

（1）根据实验数据在直角坐标系中绘制出三极管输入特性曲线。

（2）根据实验数据在直角坐标系中绘制出三极管输出特性曲线。

项目 6　晶体管共射极单管放大器

6.1　项目目的

（1）学会放大电路静态工作点的调试方法，分析静态工作点对放大器性能的影响。

（2）掌握放大电路电压放大倍数、输入电阻、输出电阻及最大不失真输出电压的测试方法。

（3）熟悉常用电子仪器及模拟电路实验设备的使用。

6.2　项目内容

（1）静态测试。

（2）动态测试。

6.3　项目设备及元器件

（1）+12V 直流电源；（2）函数信号发生器；（3）双踪示波器；（4）交流毫伏表；（5）直流电压表；（6）直流毫安表。

6.4　项目原理

图 6-1 为电阻分压式工作点稳定单管放大器实验电路图，它是组成各种放大电路的基本单元。它的偏置电路采用 R_{B1} 和 R_{B2} 组成的分压电路，并在发射极中接有电阻 R_E，以稳定放大器的静态工作点。当在放大器的输入端加入输入信号 u_i 后，在放大器的输出端便可得到一个与 u_i 相位相反，幅值被放大了的输出信号 u_o，从而实现了电压放大。

实验电路中的 R_C 与 U_{CC} 均已确定，调整静态工作点主要是调节

电位器 R_W，从而改变偏值电阻的阻值，即当 R_B 变化时，三极管的 I_B 也跟着变化，则静态工作点也跟着变化。交流电压放大电路的电压放大倍数是指在输出信号不失真的条件下的放大倍数，表达式为 $A_v = U_o/U_i$。

6.5 步骤

实验电路如图 6-1 所示。

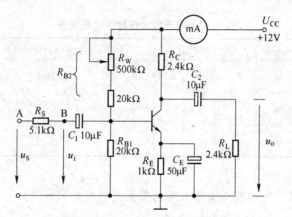

图 6-1 共射极单管放大器实验电路

6.5.1 调试静态工作点

接通直流电源前，先将 R_W 调至最大，函数信号发生器输出旋钮旋至零。接通 +12V 电源，调节 R_W，使 $I_C = 2.0mA$（即 $U_E = 2.0V$），用直流电压表测量 U_B、U_E、U_C 及用万用电表测量 R_{B2} 值。记入表 6-1。

表 6-1 静态工作点测试数据表

测量值				计算值		
U_B/V	U_E/V	U_C/V	$R_{B2}/k\Omega$	U_{BE}/V	U_{CE}/V	I_C/mA

6.5.2　测量电压放大倍数

在放大器的输入端加入频率为 1kHz 的正弦信号 U_S，调节函数信号发生器的输出旋钮使放大器输入电压 $U_i \approx 10\text{mV}$，同时用示波器观察放大器输出电压 U_o 波形，在波形不失真的条件下用交流毫伏表测量表 6－2 中三种情况下的 U_o 值，并用双踪示波器观察 U_o 和 U_i 的相位关系，记入表 6－2。

表 6－2　电压放大倍数测试数据表

$R_C/\text{k}\Omega$	$R_L/\text{k}\Omega$	U_o/V	A_V	观察记录一组 u_o 和 u_i 波形
2.4	∞			
1.2	∞			
2.4	1			

6.5.3　观察静态工作点对电压放大倍数的影响

置 $R_C = 2.4\text{k}\Omega$，$R_L = \infty$，U_i 适量，调节 R_W，用示波器监视输出电压波形，在 U_o 不失真的条件下，测量数组 I_C 和 U_o 值，记入表 6－3。

表 6－3　静态工作点对电压放大倍数测试数据表

I_C/mA		2.0		
U_o/V				
U_i/V				
A_V				

测量 I_C 时，要先将信号源输出旋钮旋至零（即令 $U_i = 0$）。

6.5.4　观察静态工作点对输出波形失真的影响

置 $R_C = 2.4\text{k}\Omega$，$R_L = 1\text{k}\Omega$，$U_i = 0$，调节 R_W 使 $I_C = 2.0\text{mA}$，测

出 U_{CE} 值，再逐步加大输入信号，使输出电压 U_o 足够大但不失真。然后保持输入信号不变，分别增大和减小 R_W，使波形出现失真，绘出 U_o 的波形，并测出失真情况下的 I_C 和 U_{CE} 值，记入表 6 – 4 中。每次测 I_C 和 U_{CE} 值时都要将信号源的输出旋钮旋至零。

表 6 – 4　$R_C = 2.4\text{k}\Omega$, $R_L = \infty$, $U_i = \text{mV}$

I_C/mA	U_{CE}/V	u_o 波形	失真情况	管子工作状态
		u_o t		
2.0		u_o t		
		u_o t		

6.5.5　测量最大不失真输出电压

置 $R_C = 2.4\text{k}\Omega$, $R_L = 1\text{k}\Omega$，在放大器正常工作情况下，逐步增大输入信号的幅度，并同时调节 R_W（改变静态工作点），用示波器观察 U_o，当输出波形同时出现削底和缩顶现象时，说明静态工作点已调在交流负载线的中点。然后反复调整输入信号，使输出波形幅度最大，且无明显失真时，用交流毫伏表测出 U_o（有效值），则动态范围 U_{opp} 等于 $2\sqrt{2}U_o$ 或用示波器直接读出 U_{opp} 来。记入表 6 – 5。

表 6 – 5　　$R_C = 2.4\text{k}\Omega$,　$R_L = 1\text{k}\Omega$

I_C/mA	U_{im}/mV	U_{om}/V	U_{opp}/V

6.6　注意事项

（1）正确认识并使用实验板。

（2）测量过程中注意仪表的正确选用。

6.7　报告要求

（1）列表整理测量结果，并把实测的静态工作点、电压放大倍数、输入电阻、输出电阻之值与理论计算值比较（取一组数据进行比较），分析产生误差原因。

（2）总结 R_C、R_L 及静态工作点对放大器电压放大倍数、输入电阻、输出电阻的影响。

（3）讨论静态工作点变化对放大器输出波形的影响。

项目 7　射极输出器

7.1　项目目的

（1）掌握射极输出器的特性及测试方法。

（2）进一步学习放大器各项参数测试方法。

7.2　项目内容

（1）静态测试。

（2）动态测试。

（3）跟随特性测试。

7.3　项目设备及元器件

（1）直流稳压电源；（2）函数信号发生器；（3）双踪示波器；

（4）交流毫伏表；（5）直流电压表；（6）射极输出器实验板。

7.4 项目原理

射极输出器的原理图如图 7－1 所示。它是一个电压串联负反馈放大电路，它具有输入电阻高，输出电阻低，电压放大倍数接近于 1，输出电压能够在较大范围内跟随输入电压作线性变化以及输入、输出信号同相等特点。射极输出器的输出取自发射极，故称其为射极输出器。

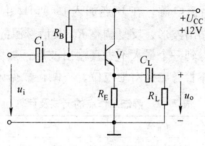

图 7－1　射极输出器

（1）实验线路如图 7－2 所示。

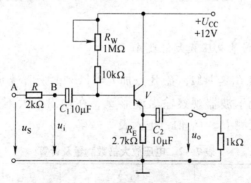

图 7－2　射极输出器实验电路

（2）电压跟随范围。电压跟随范围是指射极输出器输出电压 u_o 跟随输入电压 u_i 作线性变化的区域。当 u_i 超过一定范围时，u_o 便不能跟随 u_i 作线性变化，即 u_o 波形产生了失真。为了使输出电压 u_o 正、负半周对称，并充分利用电压跟随范围，静态工作点应选在交流负载线中点。测量时可直接用示波器读取 u_o 的峰 – 峰值，即电压跟随范围；或用交流毫伏表读取 u_o 的有效值，则电压跟随范围为：

$$U_{op-p} = 2\sqrt{2} U_o$$

7.5 步骤

按图 7 – 2 连接电路。

7.5.1 静态工作点的调整

接通 + 12V 直流电源，在 B 点加入 $f = 1\text{kHz}$ 正弦信号 u_i，输出端用示波器监视输出波形，反复调整 R_W 及信号源的输出幅度，使在示波器的屏幕上得到一个最大不失真输出波形，然后置 $u_i = 0$，用直流电压表测量晶体管各电极对地电位，将测得数据记入表 7 – 1。

表 7 – 1 静态工作点的测试及计算

U_E/V	U_B/V	U_C/V	计算 I_E/mA

在下面整个测试过程中应保持 R_W 值不变（即保持静工作点 I_E 不变）。

7.5.2 测量电压放大倍数 A_V

接上负载 $R_L = 1\text{k}\Omega$，在 B 点加 $f = 1\text{kHz}$ 正弦信号 u_i，调节输入信号幅度，用示波器观察输出波形 u_o，在输出最大不失真情况下，用交流毫伏表测 U_i、U_L 值，记入表 7 – 2。

表 7 – 2 电压放大倍数测量及计算

U_i/V	U_L/V	计算 A_V

7.5.3 测量输出电阻 R_o

接上负载 $R_L = 1\text{k}\Omega$，在 B 点加 $f = 1\text{kHz}$ 正弦信号 u_i，用示波器

监视输出波形，测空载输出电压 U_o，有负载时输出电压 U_L，记入表 7-3。

表 7-3 输出电阻测量及计算

U_o/V	U_L/V	计算 $R_o/k\Omega$

7.5.4 测量输入电阻 R_i

在 A 点加 $f=1kHz$ 的正弦信号 u_S，用示波器监视输出波形，用交流毫伏表分别测出 A、B 点对地的电位 U_S、U_i，记入表 7-4。

表 7-4 输入电阻测量及计算

U_S/V	U_i/V	计算 $R_i/k\Omega$

7.5.5 测试跟随特性

接入负载 $R_L=1k\Omega$，在 B 点加入 $f=1kHz$ 正弦信号 u_i，逐渐增大信号 u_i 幅度，用示波器监视输出波形直至输出波形达最大不失真，测量对应的 U_L 值，记入表 7-5。

表 7-5 跟随特性测试数据

U_i/V						
U_L/V						

7.6 注意事项

（1）正确进行静态工作点的测试。
（2）正确使用示波器。

7.7 报告要求

（1）整理实验数据，得出实验结论。

（2）问题讨论：通过计算输入输出电阻，可以得到什么结论？

（3）分析射极输出器的性能和特点。

项目 8　负反馈放大器

8.1　项目目的

（1）加深理解放大电路中引入负反馈的方法和负反馈对放大器各项性能指标的影响。

（2）掌握负反馈放大电路输入、输出电阻的测试方法。

8.2　项目内容

（1）静态测试。

（2）动态测试。

8.3　项目设备及元器件

（1）直流稳压电源；（2）函数信号发生器；（3）双踪示波器；（4）交流毫伏表；（5）直流电压表；（6）实验板。

8.4　项目原理

负反馈在电子电路中有着非常广泛的应用，虽然它使放大电路的放大倍数降低，但能在多方面改善放大电路的动态指标，如稳定放大倍数，改变输入、输出电阻，减小非线性失真和展宽通频带等。因此，几乎所有的实用放大器都带有负反馈。

负反馈放大器有 4 种组态，即电压串联，电压并联，电流串联，电流并联。本实验采用电压串联负反馈为例，实验电路如图 8 – 1所示。

8.5　步骤

8.5.1　测量静态工作点

按图 8 – 1 连接实验电路，取 $U_{cc} = +12V$，$U_i = 0$，用直流电压

表测量第一级的静态工作点，记入表8-1中。

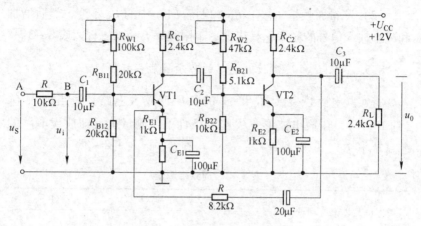

图8-1 负反馈放大电路实验图

表8-1 测量静态工作点

项 目	U_B/V	U_E/V	U_C/V	I_C/mA
第一级				
第二级				

8.5.2 测试基本放大电路的各项性能指标

（1）测量中频电压放大倍数 A_V，输入电阻 R_i 和输出电阻 R_o。

1）以 $f=1kHz$，U_S 约5mV 正弦信号输入放大电路，用示波器监视输出波形 U_o，在 U_o 不失真的情况下，用交流毫伏表测量 U_S、U_i、U_L，记入表8-2。

表8-2 放大电路的各项性能指标测量

基本放大电路	U_S/mV	U_i/mV	U_L/V	U_o/V	A_V	$R_i/k\Omega$	$R_o/k\Omega$
负反馈放大电路	U_S/mV	U_i/mV	U_L/V	U_o/V	A_{Vf}	$R_{if}/k\Omega$	$R_{of}/k\Omega$

2）保持 U_S 不变，断开负载电阻 R_L（注意，R_f 不要断开），测

量空载时的输出电压 U_o，记入表 8 - 2。

（2）测量通频带。接上 R_L，保持（1）中的 U_S 不变，然后增加和减小输入信号的频率，找出上、下限频率 f_h 和 f_l，记入表 8 - 3。

8.5.3　测试负反馈放大电路的各项性能指标

将实验电路恢复为图 8 - 1 的负反馈放大电路。适当加大 U_S（约 10mV），在输出波形不失真的条件下，测量负反馈放大电路的 A_{vf}、R_{if} 和 R_{of}，记入表 8 - 2；测量 f_{hf} 和 f_{lf}，记入表 8 - 3。

表 8 - 3　通频带测量

基本放大电路	f_L/kHz	f_H/kHz	$\Delta f/\text{kHz}$
负反馈放大电路	f_{lf}/kHz	f_{hf}/kHz	$\Delta f_f/\text{kHz}$

8.5.4　观察负反馈对非线性失真的改善

（1）实验电路改接成基本放大电路形式，在输入端加入 $f = 1\text{kHz}$ 的正弦信号，输出端接示波器，逐渐增大输入信号的幅度，使输出波形开始出现失真，记下此时的波形和输出电压的幅度。

（2）再将实验电路改接成负反馈放大电路形式，增大输入信号幅度，使输出电压幅度的大小与（1）相同，比较有负反馈时，输出波形的变化。

8.6　注意事项

（1）正确进行静态工作点的测试。
（2）正确区分负反馈电路与基本放大电路。

8.7　报告要求

（1）将基本放大电路和负反馈放大电路动态参数的实测值和理论估算值列表进行比较。

（2）根据实验结果，总结电压串联负反馈对放大电路性能的影响。

项目9 差动放大电路

9.1 项目目的

（1）加深对差动放大电路性能及特点的理解。

（2）学习差动放大电路主要性能指标的测试方法。

9.2 项目内容

（1）典型差动放大电路性能测试：

1）测量静态工作点；

2）测量差模电压放大倍数；

3）测量共模电压放大倍数。

（2）具有恒流源的差动放大电路性能测试。

9.3 项目设备及元器件

（1）直流稳压电源；（2）函数信号发生器；（3）双踪示波器；（4）交流毫伏表；（5）直流电压表；（6）电子技术实验台；（7）三极管 3DG6 × 3，要求 T_1、T_2 管特性参数一致（或 9011 × 3）、电阻器、电容等。

9.4 项目原理

图 9 – 1 是差动放大电路的基本结构。它由两个元件参数相同的基本共射放大电路组成。当开关 S 拨向左边时，构成典型的差动放大电路。调零电位器 R_P 用来调节 T_1、T_2 管的静态工作点，使得输入信号 $U_i = 0$ 时，双端输出电压 $U_o = 0$。R_E 为两管共用的发射极电阻，它对差模信号无负反馈作用，因而不影响差模电压放大倍数，但对共模信号有较强的负反馈作用，故可以有效地抑制零漂，稳定静态工作点。

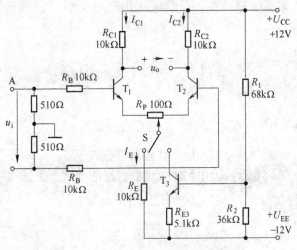

图 9-1 差动放大电路实验电路

当开关 S 拨向右边时，构成具有恒流源的差动放大电路。它用晶体管恒流源代替发射极电阻 R_E，可以进一步提高差动放大电路抑制共模信号的能力。

9.4.1 静态工作点的估算

典型电路：

$$I_E \approx \frac{|U_{EE}| - U_{BE}}{R_E}$$

$$I_{C1} = I_{C2} = \frac{1}{2}I_E$$

恒流源电路：

$$I_{C3} \approx I_{E3} \approx \frac{\dfrac{R_2}{R_1 + R_2}(U_{CC} + |U_{EE}|) - U_{BE}}{R_{E3}}$$

$$I_{C1} = I_{C1} = \frac{1}{2}I_{C3}$$

9.4.2 差模电压放大倍数和共模电压放大倍数

当差动放大电路的射极电阻 R_E 足够大，或采用恒流源电路时，

差模电压放大倍数 A_d 由输出端方式决定，而与输入方式无关。

双端输出：$R_E = \infty$，R_P 在中心位置时，有：

$$A_d = \frac{\Delta U_o}{\Delta U_i} = -\frac{\beta R_C}{R_B + r_{be} + \frac{1}{2}(1 + \beta)R_P}$$

单端输出：

$$A_{d1} = \frac{\Delta U_{C1}}{\Delta U_i} = \frac{1}{2}A_d \qquad A_{d2} = \frac{\Delta U_{C2}}{\Delta U_i} = -\frac{1}{2}A_d$$

当输入共模信号时，若为单端输出，则有：

$$A_{C1} = A_{C2} = \frac{\Delta U_{C1}}{\Delta U_i} = \frac{-\beta R_C}{R_B + r_{be} + (1 + \beta)(\frac{1}{2}R_P + 2R_E)} \approx -\frac{R_C}{2R_E}$$

若为双端输出，在理想情况下，有：

$$A_C = \frac{\Delta U_o}{\Delta U_i} = 0$$

实际上由于元件不可能完全对称，因此 A_C 也不会绝对等于零。

9.4.3　共模抑制比 K_{CMR}

为了表征差动放大电路对有用信号（差模信号）的放大作用和对共模信号的抑制能力，通常用一个综合指标来衡量，即共模抑制比：

$$K_{CMR} = \left|\frac{A_d}{A_c}\right| \qquad 或 \qquad K_{CMR} = 20\lg\left|\frac{A_d}{A_c}\right|(dB)$$

差动放大电路的输入信号可采用直流信号，也可采用交流信号。本实验由函数信号发生器提供频率 $f = 1kHz$ 的正弦信号作为输入信号。

9.5　步骤

9.5.1　典型差动放大电路性能测试

按图 9 - 1 连接实验电路，开关 S 拨向左边构成典型差动放大电路。

（1）测量静态工作点。

1）调节放大电路的零点。信号源不接入，将放大电路输入端 A、B 与地短接，接通 ±12V 直流电源，用直流电压表测量输出电压 U_o，调节调零电位器 R_P，使 $U_o = 0$。调节要仔细，力求准确。

2）测量静态工作点。零点调好以后，用直流电压表测量 T_1、T_2 管各电极电位及射极电阻 R_E 两端电压 U_{RE}，记入表 9-1。

表 9-1　差动放大电路测量及计算

测量值	U_{C1}/V	U_{B1}/V	U_{E1}/V	U_{C2}/V	U_{B2}/V	U_{E2}/V	U_{RE}/V

计算值	I_C/mA		I_B/mA		U_{CE}/V		

（2）测量差模电压放大倍数。断开直流电源，将函数信号发生器的输出端接放大电路输入 A 端，地端接放大电路输入 B 端，构成单端输入方式，调节输入信号为频率 $f = 1kHz$ 的正弦信号，并使输出旋钮旋至零，用示波器监视输出端（集电极 C_1 或 C_2 与地之间）。

接通 ±12V 直流电源，逐渐增大输入电压 U_i（约 100mV），在输出波形无失真的情况下，用交流毫伏表测 U_i、U_{C1}、U_{C2}，记入表 9-2 中，并观察 U_i、U_{C1}、U_{C2} 之间的相位关系及 U_{RE} 随 U_i 改变而变化的情况。

表 9-2　差动放大电路性能测量

项　目	典型差动放大电路		具有恒流源差动放大电路	
	单端输入	共模输入	单端输入	共模输入
U_i	100mV	1V	100mV	1V
U_{C1}/V				
U_{C2}/V				
$A_{d1} = \dfrac{U_{C1}}{U_i}$		—		—

项　目	典型差动放大电路		具有恒流源差动放大电路	
	单端输入	共模输入	单端输入	共模输入
$A_d = \dfrac{U_o}{U_i}$		—		—
$A_{C1} = \dfrac{U_{C1}}{U_i}$	—		—	
$A_C = \dfrac{U_o}{U_i}$	—		—	
$K_{CMR} = \left\| \dfrac{A_{d1}}{A_{C1}} \right\|$				

（3）测量共模电压放大倍数。将放大电路 A、B 短接，信号源接 A 端与地之间，构成共模输入方式，调节输入信号 $f = 1\text{kHz}$、$U_i = 1\text{V}$，在输出电压无失真的情况下，测量 U_{C1}、U_{C2} 之值记入表 9-2，并观察 U_i、U_{C1}、U_{C2} 之间的相位关系及 U_{RE} 随 U_i 改变而变化的情况。

9.5.2　具有恒流源的差动放大电路性能测试

将图 9-1 电路中开关 S 拨向右边，构成具有恒流源的差动放大电路。重复 9.5.1 节中（2）、（3）的要求，将实验结果记入表 9-2。

9.6　注意事项

（1）要尽量准确地调节放大电路的零点。
（2）能正确区分单端输入与共模输入两种方式。

9.7　报告要求

（1）整理实验数据，列表比较实验结果和理论估算值，分析误差原因。
1）静态工作点和差模电压放大倍数；
2）典型差动放大电路单端输出时 K_{CMR} 的实测值与理论值比较；
3）典型差动放大电路单端输出时 K_{CMR} 的实测值与具有恒流源的

差动放大电路 K_{CMR} 实测值比较。

（2）比较 u_i、u_{C1} 和 u_{C2} 之间的相位关系。

（3）根据实验结果，总结电阻 R_E 和恒流源的作用。

项目 10　集成运算放大器的基本应用
——比例、加法、减法运算电路

10.1　项目目的

（1）掌握由集成运放组成的比例、加法、减法等基本运算电路的测试。

（2）了解运算放大器在实际应用时应考虑的一些问题。

10.2　项目内容

（1）反相比例运算电路。

（2）同相比例运算电路。

（3）加法运算电路。

（4）减法运算电路。

10.3　项目设备及元器件

（1）直流双路稳压电源；（2）信号发生器；（3）交流毫伏表；（4）数字直流电压表；（5）集成运算放大器 LM741；（6）电阻、电容若干。

10.4　项目原理

集成运算放大器是一种具有高电压放大倍数的直接耦合多级放大电路。当外部接入不同的线性或非线性元器件组成输入和负反馈电路时，可以灵活地实现各种特定的函数关系。在线性应用方面，可组成比例、加法、减法、积分、微分、对数等模拟运算电路。

10.4.1　反相比例运算电路

电路如图 10 - 1 所示。对于理想运放，该电路的输出电压与输

入电压之间的关系为:

$$U_o = -\frac{R_F}{R_1} \cdot U_i$$

为了减小输入级偏置电流引起的运算误差, 在同相端应接入平衡电阻 $R_2 = R_1 /\!/ R_F$。

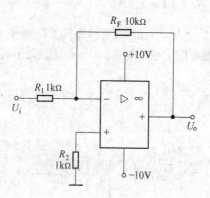

图 10 - 1　反相比例电路图

10.4.2　反相加法电路

电路如图 10 - 2 所示, 输出电压与输入电压之间的关系为:

$$U_o = -\left(\frac{R_F}{R_1}U_i + \frac{R_F}{R_2}U_{i2}\right)$$

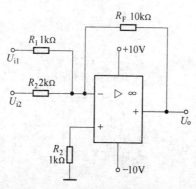

图 10 - 2　反相加法电路

10.4.3　同相比例运算电路

图 10 - 3 所示是同相比例运算电路, 它的输出电压与输入电压之间的关系为:

$$U_o = \left(1 + \frac{R_F}{R_1}\right)U_i \qquad R_2 = R_1 /\!/ R_F$$

当 $R_1 \to \infty$, $U_o = U_i$, 即得到电压跟随器, 图中 $R_2 = R_F$, 用以减小漂移和起保护作用。一般 R_F 取 $10\text{k}\Omega$, R_F 太小起不到保护作用, 太大则影响跟随性。

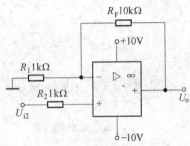

图 10 - 3　同相比例运算电路

10.4.4　差动放大电路 (减法器)

对于图 10 - 4 所示的减法运算电路, 当 $R_1 = R_2$、$R_3 = R_F$ 时, 有如下关系式:

$$U_o = \frac{R_3}{R_1}(U_{i1} - U_{i2})$$

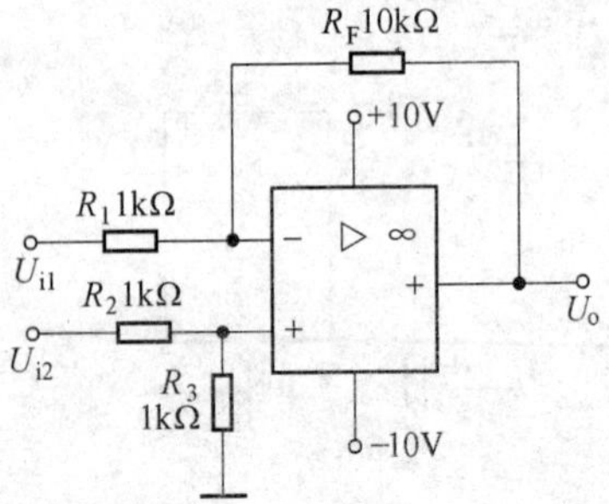

图 10 - 4　减法运算电路图

10.5 步骤

实验前要看清运放组件各管脚的位置，切忌正、负电源极性接反和输出端短路，否则将会损坏集成块。

10.5.1 反相比例运算电路

(1) 按图 10-1 接线，检查接线无误后接通 ±10V 直流稳压电源。

(2) 将输入端短路，即令 $U_i = 0$，用万用表直流电压挡测量 U_o，调节 R_p，使 $U_o = 0$。

(3) 输入端接入直流输入电压 U_i（用直流电源的第三路输出提供），输入电压值如表 10-1 中所示，测出相应的输出电压 U_o 值，记于表 10-1 中，并与理论计算值进行比较，分析产生误差的原因。

表 10-1 反相比例运算特性

U_o/V　　U_i/V	直　　流								
	1.00	0.80	0.60	0.30	0	-0.30	-0.60	-0.80	-1.00
测量值									
理论值									

(4) 将输入信号 U_i 改为由信号发生器提供，频率为 1kHz，用交流毫伏表测量输入电压 U_i 的有效值分别为 0.30V、0.50V 时的输出电压的有效值 U_o（同时用示波器观察输出电压波形），记于表 10-2 中，并分析测量结果。

表 10-2 交流反相和同相比例运算特性

U_o/V　　U_i/V（1kHz）	反相比例运算		同相比例运算	
	测量值	理论值	测量值	理论值
0.30				
0.50				

10.5.2　同相比例运算特性的测量

（1）按图 10 - 3 接线，检查接线无误后，接通电源。

（2）将输入端短路，即令 $U_i = 0$，调节 R_P 使输出电压 $U_o = 0$。

（3）输入端接入直流输入电压 U_i，输入电压值如表 10 - 3 所示，测出相应的输出电压 U_o 值。记于表 10 - 3 中，并与理论计算值进行比较，分析测量结果。

（4）将输入电压 U_i 改由信号发生器提供，频率为 1kHz，用交流毫伏表测量输入电压的有效值 U_i 分别为 0.30V、0.50V 时的输出电压的有效值 U_o（同时用示波器观察输出电压波形），记于表 10 - 2 中，并分析测量出结果。

表 10 - 3　同相比例运算特性

U_i/V $\diagdown$ U_o/V	直　　流								
	1.00	0.80	0.60	0.30	0	- 0.30	- 0.60	- 0.80	- 1.00
测量值									
理论值									

10.5.3　减法运算电路

（1）按图 10 - 4 连接实验电路，调零和消振。

（2）采用直流输入信号，记录给定不同 U_{i1}、U_{i2} 时所对应的 U_o，并将数据记入表 10 - 4 中。

表 10 - 4　减法运算电路

U_{i1}/V	
U_{i2}/V	
U_o/V	

10.6　注意事项

（1）正确认识并使用集成块。

（2）可调直流电源通电前应置于"0"位。

10.7　报告要求

（1）整理实验数据，画出波形图（注意波形间的相对关系）。

（2）将理论计算结果和实测数据相比较，分析产生误差的原因。

（3）分析讨论实验中出现的现象和问题。

项目 11　集成运算放大器的基本应用
——电压比较器

11.1　项目目的

（1）掌握电压比较器的电路构成及特点。

（2）学会测试比较器的方法。

11.2　项目内容

（1）过零比较器。

（2）反相滞回比较器。

（3）同相滞回比较器。

11.3　项目设备及元器件

（1）直流稳压电源；（2）函数信号发生器；（3）直流电压表；（4）交流毫伏表；（5）双踪示波器；（6）运算放大器 UA741×2；（7）稳压管 2DW231×1、二极管 IN4007×2、电阻器等。

11.4　项目原理

电压比较器是集成运放的非线性应用电路，它将一个模拟量电压信号和一个参考电压相比较，在二者幅度相等的附近，输出电压将产生跃变，相应输出高电平或低电平。比较器可以组成非正弦波形变换电路，应用于模拟与数字信号转换等领域。

常用的电压比较器有过零比较器、具有滞回特性的过零比较器等。

11.4.1　过零比较器

如图 11 − 1 所示为加限幅电路的过零比较器，D_z 为限幅稳压管。信号从运放的反相输入端输入，参考电压为零，从同相端输入。当 $U_i > 0$ 时，输出 $U_o = - (U_z + U_D)$，当 $U_i < 0$ 时，$U_o = + (U_z + U_D)$。过零比较器结构简单，灵敏度高，但抗干扰能力差。

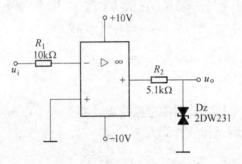

图 11 − 1　过零比较器

11.4.2　滞回比较器

图 11 − 2 为具有滞回特性的过零比较器。过零比较器在实际工作时，如果 u_i 恰好在过零值附近，则由于零点漂移的存在，u_o 将不断由一个极限值转换到另一个极限值，这在控制系统中，对执行机构将是很不利的。为此，就需要输出特性具有滞回现象。滞回比较器从输出端引一个电阻分压正反馈支路到同相输入端，若 u_o 改变状态，Σ 点也随着改变电位，使过零点离开原来位置。

$$U_\Sigma = \frac{R_2}{R_f + R_2} U_+$$

当 u_o 为正（记作 U_+），则当 $u_i > U_\Sigma$ 后，u_o 即由正变负（记作 $U -$），此时 U_Σ 变为 $- U_\Sigma$。故只有当 u_i 下降到 $- U_\Sigma$ 以下，才能使 u_o 再度回升到 U_+。

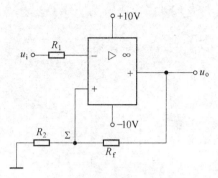

图 11 - 2　滞回比较器

11.5　步骤

11.5.1　过零比较器

在实验台上按实验电路图 11 - 1 连接线路，经检查无误后完成下面步骤：

（1）接通 ±10V 电源。

（2）测量 u_i 悬空时的 u_o 值。

（3）u_i 输入 500Hz、幅值为 2V 的正弦信号，观察 $u_i \rightarrow u_o$ 波形并记录。

（4）改变 u_i 幅值，测量传输特性曲线。

（5）定性画出电压传输特性曲线。

11.5.2　反相滞回比较器

在实验台上按实验电路图 11 - 3 连接线路，经检查无误后完成下面步骤：

（1）u_i 接 +5V 可调直流电源，测出 u_o 由 $+ U_{omex} \rightarrow - U_{omex}$ 时 u_i 的临界值。

（2）u_i 接 +5V 可调直流电源，测出 u_o 由 $- U_{omex} \rightarrow + U_{omex}$ 时 u_i 的临界值。

（3）u_i 接 500Hz，峰值为 2V 的正弦信号，观察并记录 $u_i \rightarrow u_o$ 波形。

（4）将分压支路 $100k\Omega$ 电阻改为 $200k\Omega$，重复上述实验，测定传输特性。

（5）定性画出电压传输特性曲线。

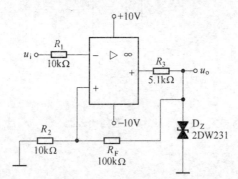

图 11 - 3　反相滞回比较器图

11.5.3　同相滞回比较器

在实验台上按实验线路图 11 - 4 连接线路，经检查无误后完成下面步骤：

（1）参照内容 11.5.2，自拟实验步骤及方法。

（2）将结果与 11.5.2 进行比较。

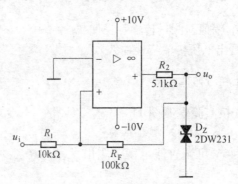

图 11 - 4　同相滞回比较器

11.6　注意事项

（1）正确认识并使用集成块。

（2）可调直流电源通电前应置于"0"位。

11.7　报告要求

（1）整理实验数据，绘制各类比较器的传输特性曲线。
（2）总结几种比较器的特点，阐明它们的应用场合。

项目 12　RC 正弦波振荡器

12.1　项目目的

（1）学习 RC 正弦波振荡器的组成及其振荡条件。
（2）学会测量、调试振荡器。

12.2　项目内容

（1）RC 正弦波振荡器静态工作点及电压放大倍数。
（2）测量振荡频率。

12.3　项目设备及元器件

（1）电子技术实验台；（2）函数信号发生器；（3）双踪示波器；（4）频率计；（5）直流电压表；（6）实验板。

12.4　项目原理

从结构上看，正弦波振荡器是没有输入信号的带选频网络的正反馈放大器。若用 R、C 元件组成选频网络，就称为 RC 振荡器，它一般用来产生 1Hz~1MHz 的低频信号。

12.4.1　RC 移相振荡器

电路形式如图 12-1 所示，选择 $R \gg R_i$。
振荡频率：

$$f_o = \frac{1}{2\pi\sqrt{6}RC}$$

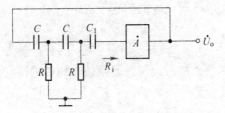

图 12 - 1　RC 移相振荡器原理图

起振条件：放大器的电压放大倍数 $|\dot{A}| > 29$。

电路的特点是简便，但选频作用差，振幅不稳，频率调节不便，一般用于频率固定且稳定性要求不高的场合。

频率范围：几赫兹至数万赫兹。

12.4.2　RC 串并联网络（文氏桥）振荡器

电路形式如图 12 - 2 所示。

振荡频率：

$$f_o = \frac{1}{2\pi RC}$$

起振条件：放大器的电压放大倍数 $|\dot{A}| > 3$。

电路特点是可方便地连续改变振荡频率，便于加负反馈稳幅，容易得到良好的振荡波形。

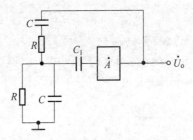

图 12 - 2　RC 串并联网络振荡器原理图

注意：本实验采用两级共射极分立元件放大器组成 RC 正弦波振荡器。

12.5　步骤

（1）按图 12 – 3 连接线路。

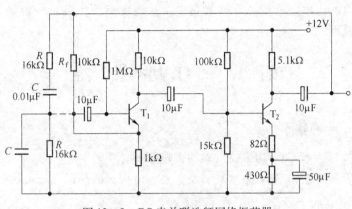

图 12 – 3　RC 串并联选频网络振荡器

（2）断开 RC 串并联网络，测量放大器静态工作点及电压放大倍数。

（3）接通 RC 串并联网络，并使电路起振，用示波器观测输出电压 u_o 的波形，调节 R_f 以获得满意的正弦信号，记录波形及其参数。

（4）测量振荡频率，并与计算值进行比较。

（5）改变 R 或 C 值，观察振荡频率变化情况。

（6）RC 串并联网络幅频特性的观察：

将 RC 串并联网络与放大器断开，用函数信号发生器的正弦信号注入 RC 串并联网络，保持输入信号的幅度不变（约 3V），频率由低到高变化，RC 串并联网络输出幅值将随之变化，当信号源达某一频率时，RC 串并联网络的输出将达最大值（约 1V 左右）。且输入、输出同相位，此时信号源频率为：

$$f = f_0 = \frac{1}{2\pi RC}$$

12.6　注意事项

（1）观察波形时，应注意实验板与示波器的正确连接。

（2）进行频率计算时，应注意单位的换算。

12.7 报告要求

由给定电路参数计算振荡频率，并与实测值比较，分析误差产生的原因。

项目 13 OTL 功率放大器

13.1 项目目的

（1）理解 OTL 功率放大器的工作原理。
（2）学会 OTL 电路的调试及主要性能指标的测试方法。

13.2 项目内容

（1）静态工作点的测试。
（2）最大输出功率 P_{om} 和效率 η 的测试。
（3）输入灵敏度测试。
（4）频率响应的测试。
（5）噪声电压的测试。
（6）试听。
（7）研究自举电路。

13.3 项目设备及元器件

（1）电子技术实验台；（2）直流电压表；（3）函数信号发生器；（4）直流毫安表；（5）双踪示波器；（6）频率计；（7）交流毫伏表；（8）OTL 功率放大实验电路板。

13.4 项目原理

图 13-1 所示为 OTL 低频功率放大器。其中由晶体三极管 T_1 组成推动级（也称前置放大级），T_2、T_3 是一对参数对称的 NPN 和 PNP 型晶体三极管，它们组成互补推挽 OTL 功放电路。由于每一个

管子都接成射极输出器形式，因此具有输出电阻低，负载能力强等优点，适合于作功率输出级。T_1 管工作于甲类状态，它的集电极电流 I_{C1} 由电位器 R_{W1} 进行调节。I_{C1} 的一部分流经电位器 R_{W2} 及二极管 D，给 T_2、T_3 提供偏压。调节 R_{W2}，可以使 T_2、T_3 得到合适的静态电流而工作于甲、乙类状态，以克服交越失真。静态时要求输出端中点 A 的电位 $U_A = 0.5U_{CC}$，可以通过调节 R_{W1} 来实现，又由于 R_{W1} 的一端接在 A 点，因此在电路中引入交、直流电压并联负反馈，既能够稳定放大器的静态工作点，同时也改善了非线性失真。

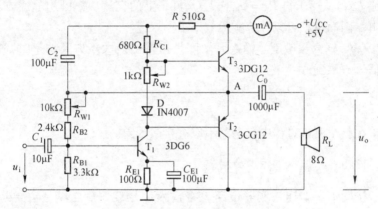

图 13 - 1　OTL 功率放大器实验电路

当输入正弦交流信号 u_i 时，经 T_1 放大、倒相后同时作用于 T_2、T_3 的基极，u_i 的负半周使 T_2 管导通（T_3 管截止），有电流通过负载 R_L，同时向电容 C_0 充电，在 u_i 的正半周，T_3 导通（T_2 截止），则已充好电的电容器 C_0 起着电源的作用，通过负载 R_L 放电，这样在 R_L 上就得到完整的正弦波。

C_2 和 R 构成自举电路，用于提高输出电压正半周的幅度，以得到大的动态范围。

OTL 电路的主要性能指标如下。

（1）最大不失真输出功率 P_{om}。理想情况下，OTL 电路最大不失真输出功率为：

$$P_{om} = \frac{1}{8}\frac{U_{CC}^2}{R_L}$$

在实验中可通过测量 R_L 两端的电压有效值，来求得实际的 P_{om}：

$$P_{om} = \frac{U_o^2}{R_L}$$

（2）效率 η：

$$\eta = \frac{P_{om}}{P_E} \times 100\%$$

式中，P_E 为直流电源供给的平均功率。

理想情况下，$\eta_{max} = 78.5\%$。在实验中，可测量电源供给的平均电流 I_{dC}，从而求得 $P_E = U_{CC} \cdot I_{dC}$，负载上的交流功率已用上述方法求出，因而也就可以计算实际效率了。

（3）输入灵敏度。输入灵敏度是指输出最大不失真功率时，输入信号 U_i 之值。

13.5 步骤

在整个测试过程中，电路不应有自激现象。

13.5.1 静态工作点的测试

按图 13 – 1 连接实验电路，将输入信号旋钮旋至零（$u_i = 0$），电源进线中串入直流毫安表，电位器 R_{W2} 置于最小值，R_{W1} 置于中间位置。接通 +5V 电源，观察毫安表指示，同时用手触摸输出级管子，若电流过大，或管子温升显著，应立即断开电源检查原因（如 R_{W2} 开路，电路自激，或输出管性能不好等）。如无异常现象，可开始调试。

（1）调节电位器 R_{W1}，用直流电压表测量 A 点电位，使 $U_A = 0.5U_{CC}$。

（2）调整输出级静态电流及测试各级静态工作点。

调节 R_{W2}，使 T_2、T_3 管的 $I_{C2} = I_{C3} = 5 \sim 10mA$。从减小交越失真角度而言，应适当加大输出级静态电流，但该电流过大，会使效率降低，所以一般以 5 ~ 10mA 左右为宜。由于毫安表是串在电源进线中的，因此测得的是整个放大器的电流，但一般 T_1 的集电极电流 I_{C1} 较小，从而可以把测得的总电流近似当作末级的静态电流。如要准确得到末级静态电流，则可从总电流中减去 I_{C1} 之值。

调整输出级静态电流的另一方法是动态调试法。先使 $R_{W2}=0$，在输入端接入 $f=1\text{kHz}$ 的正弦信号 u_i。逐渐加大输入信号的幅值，此时，输出波形应出现较严重的交越失真（注意没有饱和和截止失真），然后缓慢增大 R_{W2}，当交越失真刚好消失时，停止调节 R_{W2}，恢复 $u_i=0$，此时直流毫安表读数即为输出级静态电流。一般数值也应在 $5\sim10\text{mA}$ 左右，如过大，则要检查电路。

输出级电流调好以后，测量各级静态工作点，记入表 13 - 1。

注意：

（1）在调整 R_{W2} 时，一是要注意旋转方向，不要调得过大，更不能开路，以免损坏输出管。

（2）输出管静态电流调好后，如无特殊情况，不得随意旋动 R_{W2} 的位置。

表 13 -1　$I_{C2}=I_{C3}=$　　mA，$U_A=2.5\text{V}$

项　目	T_1	T_2	T_3
U_B/V			
U_C/V			
U_E/V			

13.5.2　最大输出功率 P_{om} 和效率 η 的测试

（1）测量 P_{om}。输入端接 $f=1\text{kHz}$ 的正弦信号 u_i，输出端用示波器观察输出电压 u_0 波形。逐渐增大 u_i，使输出电压达到最大不失真输出，用交流毫伏表测出负载 R_L 上的电压 U_{om}，则

$$P_{om}=\frac{U_{om}^2}{R_L}$$

（2）测量效率 η。当输出电压为最大不失真输出时，读出直流毫安表中的电流值，此电流即为直流电源供给的平均电流 I_{dc}（有一定误差），由此可近似求得 $P_E=U_{CC}I_{dc}$，再根据上面测得的 P_{om}，即可求出效率。

$$\eta = \frac{P_{om}}{P_E}$$

13.5.3　输入灵敏度测试

根据输入灵敏度的定义，只要测出输出功率 $P_o = P_{om}$ 时的输入电压值 U_i 即可。

13.5.4　频率响应的测试

保持输入信号 u_i 的幅度不变，改变信号源频率 f，逐点测出相应的输出电压 U_o，记入表 13 - 2。为了信号源频率 f 取值合适，可先粗测一下，找出中频范围，然后再仔细读数。

表 13 - 2　$U_i =$ 　　mV

$f/$Hz				1000				
$U_o/$V								
A_V								

在测试时，为保证电路的安全，应在较低电压下进行，通常取输入信号为输入灵敏度的 50%。在整个测试过程中，应保持 U_i 为恒定值，且输出波形不得失真。

13.5.5　研究自举电路的作用

（1）测量有自举电路，且 $P_o = P_{omax}$ 时的电压增益为：

$$A_V = \frac{U_{om}}{U_i}$$

（2）将 C_2 开路，R 短路（无自举），再测量 $P_o = P_{omax}$ 的 A_V。

用示波器观察（1）、（2）两种情况下的输出电压波形，并将以上两项测量结果进行比较，分析研究自举电路的作用。

13.5.6　噪声电压的测试

测量时将输入端短路（$u_i = 0$），观察输出噪声波形，并用交流毫伏表测量输出电压，即为噪声电压 U_N，本电路若 $U_N < 15mV$，即满足要求。

13.5.7 试听

输入信号改为录音机输出，输出端接试听音箱及示波器。开机试听，并观察语言和音乐信号的输出波形。

13.6 注意事项

调静态工作点时，注意电流不宜过大。

13.7 报告要求

（1）整理实验数据，计算静态工作点、最大不失真输出功率 P_{om}、效率 η 等，并与理论值进行比较。画出频率响应曲线。

（2）分析自举电路的作用。

（3）讨论实验中发生的问题及解决办法。

项目 14 集成稳压器

14.1 项目目的

（1）了解常用集成稳压器的型号及应用。

（2）掌握集成稳压器的特点和性能指标的测试方法。

14.2 项目内容

（1）初测。

（2）各项性能指标测试。

14.3 项目设备及元器件

（1）可调工频电源；（2）双踪示波器；（3）交流毫伏表；（4）直流电压表；（5）直流毫安表；（6）桥堆 2W06；（7）电子技术实验台；（8）三端稳压器 W7812、W7815、W7915、W317。

14.4　项目原理

随着半导体工艺的发展，稳压电路也制成了集成器件。由于集成稳压器具有体积小，外接线路简单、使用方便、工作可靠和通用性等优点，因此在各种电子设备中的应用十分普遍，基本上取代了由分立元件构成的稳压电路。集成稳压器的种类很多，应根据设备对直流电源的要求来进行选择。对于大多数电子仪器、设备和电子电路来说，通常是选用串联线性集成稳压器。而在这种类型的器件中，又以三端式稳压器应用最为广泛。

W7800、W7900 系列三端式集成稳压器的输出电压是固定的，在使用中不能进行调整。W7800 系列三端式稳压器输出正极性电压，一般有 5V、6V、9V、12V、15V、18V、24V 七个档次，输出电流最大可达 1.5A（加散热片）。同类型 78M 系列稳压器的输出电流为 0.5A，78L 系列稳压器的输出电流为 0.1A。若要求负极性输出电压，则可选用 W7900 系列稳压器。

图 14 – 1 所示为 W7800 系列的外形和接线图。

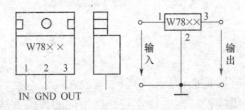

图 14 – 1　W7800 系列外形及接线图

图 14 – 2 所示为 W7900 系列（输出负电压）外形及接线图。

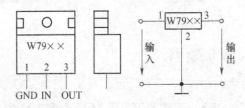

图 14 – 2　W7900 系列外形及接线图

这两个系列都有三个引出端，即：

输入端（不稳定电压输入端），标以"1"；

输出端（稳定电压输出端），标以"3"；

公共端，标以"2"。

除固定输出三端稳压器外，尚有可调式三端稳压器，后者可通过外接元件对输出电压进行调整，以适应不同的需要。

本实验所用集成稳压器为三端固定正稳压器 W7812，它的主要参数有输出直流电压 $U_o = +12V$，输出电流 $L = 0.1A$，$M = 0.5A$，电压调整率 10mV/V，输出电阻 $R_o = 0.15\Omega$，输入电压 U_i 的范围15 ~ 17V。因为一般 U_i 要比 U_o 大 3 ~ 5V，才能保证集成稳压器工作在线性区。

图 14-3 为正、负双电压输出电路，例如需要 $U_{o1} = +15V$，$U_{o2} = -15V$，则可选用 W7815 和 W7915 三端稳压器，这时的 U_i 应为单电压输出时的两倍。

当集成稳压器本身的输出电压或输出电流不能满足要求时，可通过外接电路来进行性能扩展。如图 14-4 所示是一种简单的输出电压扩展电路。如 W7812 稳压器的 3、2 端间输出电压为 12V，因此只要适当选择 R 的值，使稳压管 D_W 工作在稳压区，则输出电压 $U_o = 12 + U_z$，可以高于稳压器本身的输出电压。

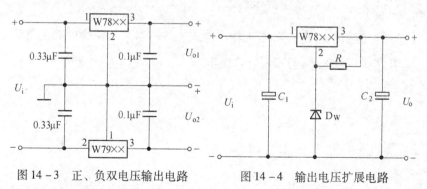

图 14-3 正、负双电压输出电路   图 14-4 输出电压扩展电路

14.5 步骤

集成稳压器性能测试，按图 14-5 在实验台接好实验电路，取

负载电阻 $R_L = 120\Omega$。

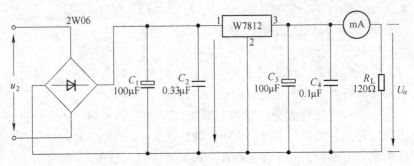

图 14 - 5　集成稳压器性能测试实验电路

14.5.1　初测

接通工频 14V 电源，测量 U_i 值；测量滤波电路输出电压 U_i（稳压器输入电压），集成稳压器输出电压 U_o，它们的数值应与理论值大致符合，否则说明电路出了故障。设法查找故障并加以排除。

电路经初测进入正常工作状态后，才能进行各项指标的测试。

14.5.2　各项性能指标测试

（1）输出电压 U_o 和最大输出电流 I_{omax} 的测量。在输出端接负载电阻 $R_L = 120\Omega$，由于 7812 输出电压 $U_o = 12V$，因此流过 R_L 的电流为：

$$I_{omax} = \frac{12}{120} = 100\text{mA}$$

这时 U_o 应基本保持不变，若变化较大，则说明集成块性能不良。

（2）测量稳压系数 S。取 $I_o = 100\text{mA}$，按表 14 - 1 改变整流电路输入电压 U_2（模拟电网电压波动），分别测出相应的稳压器输入电压 U_i 及输出直流电压 U_o，记入表 14 - 1。

表 14 –1 $I_o = 100mA$

测 试 值			计算值
U_2/V	U_i/V	U_o/V	S
14			$S_{12} =$
16		12	
18			$S_{23} =$

（3）测量输出电阻 R_o。取 $U_2 = 16V$，改变滑线变阻器位置，使 I_o 为空载、50mA 和 100mA，测量相应的 U_o 值，记入表 14 – 2。

表 14 – 2 $U_2 = 16V$

测 试 值		计算值
I_o/mA	U_o/V	R_o/Ω
空载		$R_{o12} =$
50	12	
100		$R_{o23} =$

（4）测量输出纹波电压。取 $U_2 = 16V$，$U_o = 12V$，$I_o = 100mA$，测量输出纹波电压 U_o，并记录。

14. 6 注意事项

注意三端稳压器的正确使用。

14. 7 报告要求

（1）整理实验数据，计算 S 和 R_o，并与手册上的典型值进行比较。

（2）分析讨论实验中发生的现象和问题。

项目15 三端可调集成稳压电源的组装与调试

15. 1 项目目的

（1）熟悉直流稳压电源的性能、质量指标的含义及其测量方法。

（2）掌握三端可调稳压器构成典型应用电路的方法并测试其性能。

15.2　项目内容

（1）测量输出电压的范围。

（2）测量电压调整率 S。

（3）测量输出电阻 R_o。

15.3　项目设备及元器件

（1）电子技术实验台；（2）集成稳压器 W317；（3）直流电压表；（4）电位器、电容、电阻。

15.4　项目原理

图 15 – 1 为可调输出正三端稳压器 W317 外形及接线图。

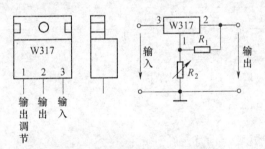

图 15 – 1　W317 外形及接线图

输出电压计算公式：

$$U_o \approx 1.25 \left(1 + \frac{R_2}{R_1}\right)$$

最大输入电压 $U_{im} = 40V$。

输出电压范围 $U_o = 1.2 \sim 37V$。

W317/337 系列属于第二代三端集成稳压器，其静态电流约为 $50\mu A$，比 78/79 系列低得多，故适合组成可调式稳压器。

W317 系列是正电压可调输出；W337 系列是负电压可调输出。仅须外接两个电阻，就可使输出电压连续可调。此外还具有过流、过热和安全区保护，工作可靠，安装调试方便，价格便宜等特点，因此获得广泛应用。

稳压电源的输出电压 U_o（或电压可调范围 $U_{omin} \sim U_{omax}$）和最大输出电流 I_{omax} 是它的特性指标，此指标决定了该电源的使用范围，同时也决定了如何选择变压器、整流管和滤波电容。而稳压器的稳压系数、输出电阻、波纹电压、温度系数是稳压电源的质量指标。

（1）输出电阻。输出电阻 R_S 是在温度、输入电压等不变的条件下，由于负载电流 I_o 变化所引起的直流电压 U_o 的变化，即 $R_S = \Delta U_o / \Delta I_o$，$R_S$ 越小，稳压器的输出稳定性越好。

（2）波纹电压。波纹电压是指叠加在输出直流电压上的交流分量，幅值很小（毫伏级），它不是正弦波，一般用示波器 AC 挡较高灵敏度测量其峰值。当它很小时，也可用毫伏表近似测其交流值。

（3）稳压系数 S_u。它是衡量稳压器质量的最主要指标，它是指在负载电流和环境温度保持不变的情况下，输入电压的相对变化引起输出电压的相对变化。

15.5 步骤

（1）按照图 15-2 在实验台上连接实验电路。

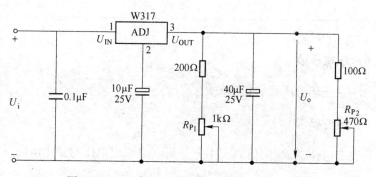

图 15-2 三端可调稳压器构成典型应用电路图

（2）检查无误后，加入输入电压 $U_i = 6V$ 的直流电压，分别测量稳压电路中输入电压、输出电压。

（3）调节电位器 R_{P1}，若观察到输出电压有大小变化，说明电路基本正常，可进行下面的测量，否则检查故障。

（4）测量输出电压的范围。保持输入不变，调节 R_{P1}，分别测量电路的输入电压、最大输出电压、最小输出电压，将结果记录在表 15 – 1 中。

表 15 – 1　输出电压的测量结果

U_i/V	U_{omin}/V	U_{omax}/V

（5）测量电压调整率 S。将结果记录在表 15 – 2 中。

表 15 – 2　电压调整率的测量结果

输入电压	测量值	测量值	计算 $S = \dfrac{\Delta U_o}{\Delta U_i}$
$U_{i1} = +6V$	$U_{i1} =$	$U_{o1} =$	
$U_{i2} = +4.5V$	$U_{i2} =$	$U_{o2} =$	

（6）测量输出电阻 R_o，将结果记录在表 15 – 3 中。

表 15 – 3　输出电阻的测量结果

R_{P2}最小	最大 $I_{o1} =$	$U_{o1} =$	计算 $R_o = \dfrac{\Delta U_o}{\Delta U_i}$
R_{P2}最大	最小 $I_{o1} =$	$U_{o2} =$	

15.6　注意事项

注意三端稳压器的正确使用。

15.7　报告要求

改变电位器 R_{P1} 阻值的大小，分析电路输出电压的变化情况。

数字电子技术实验

项目16 基本集成逻辑门电路认识实验

16.1 项目目的

（1）熟悉数字电路实验台（箱）的功能和使用方法。

（2）了解与门、或门、非门等基本逻辑门电路的型号及管脚排列。

（3）掌握验证与、或、非等基本逻辑门电路功能的方法。

16.2 项目内容

（1）数字实验台的使用。

（2）与门、或门和非门的功能测试。

16.3 项目设备及元器件

（1）直流稳压电源；（2）数字实验箱（台）；（3）集成与门电路（74LS08、CD4081）；（4）集成或门电路（CD4071）；（5）集成非门电路（74LS04）。

16.4 项目原理

（1）直流稳压电源的使用。集成电路的工作电源 +5V 由直流稳压电源提供。一般数字电路实验台（或实验箱）上有固定的 5V 直流电源，直接加在集成电路的电源管脚上，集成电路即可工作。若没有固定 5V 的电源输出，可以将可调直流电源调到 5V 接入集成电路电源管脚上，为集成电路供电。

（2）数字实验台的面板组成及各部件的功能。

1）数字实验台的面板组成如图 16 - 1 所示。

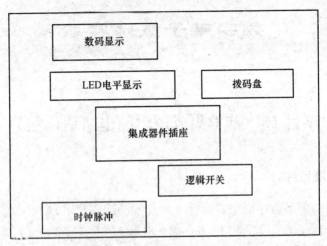

图 16 - 1　数字电路实验台面板

2）数字实验台各部件的功能：

①LED 电平显示——进行逻辑状态显示，灯亮为逻辑 1，灯灭为逻辑 0；

②集成器件插座——插入集成器件实现电路连接；

③逻辑开关——为实验电路提供输入逻辑变量，开关向上为逻辑 1，开关向下为逻辑 0；

④数码显示——输入二进制 8421BCD 码，译码显示输出十进制数；

⑤时钟脉冲——为实验电路提供脉冲信号。

（3）集成器件管脚排列及功能说明见附录。

16.5　步骤

16.5.1　数字实验台的使用

（1）仔细观察数字台的面板组成。

（2）测试电平显示功能。

方法：接通电源，取一根导线，一端插入电源正极，另一端插入电平显示输入插空，电平显示灯亮，表示电平显示正常。

（3）测试逻辑开关功能。

方法：取一根导线，从逻辑开关输出插孔引线到电平显示输入插孔，逻辑开关向上时，开关对应插孔输出为高电平，电平显示灯亮；开关向下时，开关对应插孔输出为低电平，电平显示灯灭。否则逻辑开关功能不正常。

16.5.2　集成逻辑门电路功能的测试

（1）与门电路（74LS08、CD4081）如图 16 - 2 所示，将其真值填入表 16 - 1。

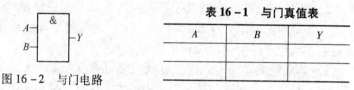

图 16 - 2　与门电路

表 16 - 1　与门真值表

A	B	Y

（2）或门电路（CD4071）如图 16 - 3 所示，将其真值填入表 16 - 2。

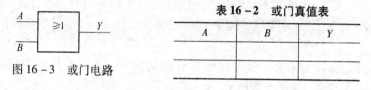

图 16 - 3　或门电路

表 16 - 2　或门真值表

A	B	Y

（3）非门电路（74LS04）如图 16 - 4 所示，将其真值填入表 16 - 3。

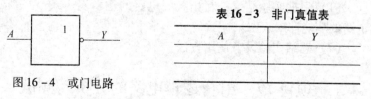

图 16 - 4　或门电路

表 16 - 3　非门真值表

A	Y

16.6　注意事项

（1）数字电路实验台和集成器件的电源极性不能接反。

(2) 集成器件的标志缺口应在左侧。

(3) 连接、改换和拆除线路应断电进行。

(4) 不能随意插入或取下插座上的集成器件。

(5) 闲置输入端处理方法。

1) 悬空，相当于正逻辑"1"，对于一般小规模集成电路的数据输入端，实验时允许悬空处理。但易受外界干扰，导致电路的逻辑功能不正常。因此，对于接有长线的输入端，中规模以上的集成电路和使用集成电路较多的复杂电路，所有控制输入端必须按逻辑要求接入电路，不允许悬空。

2) 直接接电源电压 V_{CC}（也可以串入一只 $1 \sim 10k\Omega$ 的固定电阻）或接至某一固定电压（ $+2.4 \leqslant V \leqslant 4.5V$ ）的电源上，或与输入端为接地的多余与非门的输出端相接。

3) 若前级驱动能力允许，可以与使用的输入端并联。

(6) 输入端通过电阻接地，电阻值的大小将直接影响电路所处的状态。当 $R \leqslant 680\Omega$ 时，输入端相当于逻辑"0"；当 $R \geqslant 4.7k\Omega$ 时，输入端相当于逻辑"1"。对于不同系列的器件，要求的阻值不同。

(7) 输出端不允许并联使用（集电极开路门 OC 和三态输出门电路 3S 除外）。否则不仅会使电路逻辑功能混乱，并会导致器件损坏。

(8) 输出端不允许直接接地或直接接 +5V 电源，否则将损坏器件，有时为了使后级电路获得较高的输出电平，允许输出端通过电阻 R 接至 V_{CC} ，一般取 $R = 3 \sim 5.1k\Omega$ 。

16.7 报告要求

(1) 根据实验结果，写出各门电路的逻辑表达式，并判断被测电路的功能计入表中。

(2) 总结实验设备使用方法。

项目 17 组合逻辑电路的分析与测试

17.1 项目目的

(1) 掌握组合逻辑电路的分析方法。

（2）验证半加器和全加器电路的逻辑功能。

（3）了解两个二进制数求和运算的规律。

（4）学会数字电子线路故障检测的一般方法。

17.2　项目内容

（1）半加器的功能测试。

（2）全加器的功能测试。

17.3　项目设备及元器件

（1）数字实验箱；（2）集成块74LS00；（3）集成块74LS54；（4）集成块74LS86；（5）万用表；（6）+5V 直流电源。

17.4　项目原理

（1）分析逻辑电路的方法。根据逻辑电路图写出逻辑表达式→化简逻辑表达式（公式法、卡诺图法）→画出逻辑真值表→分析逻辑功能。

（2）实验线路。

1）用与非门组成的半加器，如图 17 - 1 所示。

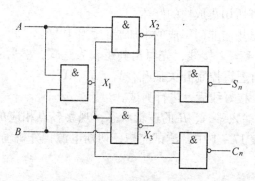

图 17 - 1　与非门组成的半加器

2）用异或门和与非门组成的半加器，如图 17 - 2 所示。

3）用与非门、与或非门和异或门组成的全加器，如图 17 - 3 所示。

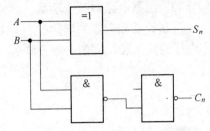

图 17 - 2　异或门组成的半加器

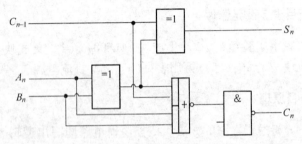

图 17 - 3　与非门、与或非门和异或门组成的全加器

（3）集成块管脚排列图见附录。

17.5　步骤

（1）检查所用集成块的好坏。

（2）测试用与非门组成的半加器的逻辑功能。

1）按图 17 - 1 接线，先写出其逻辑表达式，然后将输入端 A、B 接在实验箱逻辑控制开关插孔，X_1、X_2、X_3、S_n、C_n 分别接在电平显示插孔，接好线后，进行测试。

2）改变输入端 A、B 的逻辑状态，观察各点相应的逻辑状态，将结果填入表 17 - 1 中，测试完毕，切断电源，分析输出端逻辑状态是否正确。

表 17 - 1　与非门组成的半加器实验数据

输入端		输　出　端				
A	B	X_1	X_2	X_3	S_n	C_n
0	0					
0	1					

续表 17 – 1

输入端		输 出 端				
A	B	X_1	X_2	X_3	S_n	C_n
1	0					
1	1					

（3）测试用异或门和与非门组成的半加器的逻辑功能。

1）按图 17 – 2 接线，将输入端 A、B 分别接在逻辑控制开关插孔，C_n、S_n 分别接在电平显示插孔，接好线后进行测试。

2）改变输入端 A_n、B_n 的逻辑状态，观察 S_n 和 C_n 的显示状态，并将测试结果填入表 17 – 2 中，并分析结果正确与否。若输出有误，分析其原因并查找故障点。

（4）测试用与非门、与或非门和异或门组成的全加器的逻辑功能。

1）按图 17 – 3 接线，输入端 A_n、B_n、C_{n-1} 分别接逻辑控制开关插孔，S_n、C_n 分别接电平显示插孔，接好线后进行测试。

2）改变 A_n、B_n、C_{n-1} 的输入状态，观察输出 S_n 和 C_n 相应的逻辑状态，将观察结果填入表 17 – 3 中。切断电源后，分析结果正确与否，若输出有误，分析其原因并查找故障点。

表 17 – 2　异或门和与非门组成的半加器实验数据

输入端	被加数 A	0	0	1	1
	加数 B	0	1	0	1
输出端	半加和 S_n				
	进位 C_n				

表 17 – 3　与非门、与或非门和异或门组成的全加器实验数据

输入端	被加数 A_n	0	1	0	1	0	1	0	1
	加数 B_n	0	0	1	1	0	0	1	1
	低位进位 C_{n-1}	0	0	0	0	1	1	1	1
输出端	全加和 S_n								
	进位 C_n								

17.6　注意事项

（1）实验接线前首先验证用到的与或非、异或、与非门的逻辑功能，检查集成块是否完好。

（2）与或非、异或、与非门中，当某一组输入端不用时，应按规定处理。

17.7　报告要求

（1）分析逻辑电路图，说明逻辑电路的功能。

（2）对逻辑电路的功能进行实验测试，并记录测试结果。

（3）体会组合电路实验方法。

项目 18　组合逻辑电路的设计与测试

18.1　项目目的

（1）掌握组合逻辑电路的设计与测试方法。

（2）进一步提高归纳逻辑问题的能力。

18.2　项目内容

（1）四人表决器功能测试。

（2）设计一个三人表决器。

18.3　项目设备及元器件

（1）+5V 直流电源；（2）逻辑电平开关；（3）逻辑电平显示器；（4）直流数字电压表；（5）CC4011；（6）74LS00、74LS20、74LS86、74LS08、74LS54、74LS02。

18.4　项目原理

（1）使用中、小规模集成电路来设计组合电路是最常见的逻辑电路设计方法。设计组合电路的一般步骤如图 18 - 1 所示。

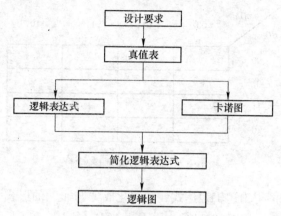

图 18 - 1　组合逻辑电路设计流程图

根据设计任务的要求建立输入、输出变量，并列出真值表。然后用逻辑代数或卡诺图化简法求出简化的逻辑表达式，并按实际选用逻辑门的类型修改逻辑表达。根据简化后的逻辑表达式，画出逻辑图，用标准器件构成逻辑电路。最后，用实验来验证设计的正确性。

（2）组合逻辑电路设计举例。用"与非"门设计一个表决电路。当四个输入端中有三个或四个为"1"时，输出端才为"1"。

设计步骤：

根据题意列出真值表，见表 18 - 1，再填入卡诺图（图 18 - 2）中。

表 18 - 1　四人表决器真值表

D	0	0	0	0	0	0	0	0	1	1	1	1	1	1	1	1
A	0	0	0	0	1	1	1	1	0	0	0	0	1	1	1	1
B	0	0	1	1	0	0	1	1	0	0	1	1	0	0	1	1
C	0	1	0	1	0	1	0	1	0	1	0	1	0	1	0	1
Z	0	0	0	0	0	0	0	1	0	0	0	1	0	1	1	1

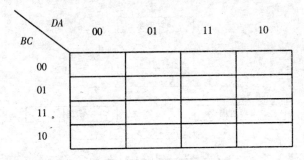

图 18-2　四人表决器卡诺图

由卡诺图得出逻辑表达式，并演化成"与非"的形式。

$$Z = ABC + BCD + ACD + ABD$$

$$= \overline{\overline{ABC} \cdot \overline{BCD} \cdot \overline{ACD} \cdot \overline{ABC}}$$

根据逻辑表达式画出用"与非门"构成的逻辑电路如图 18-3 所示。

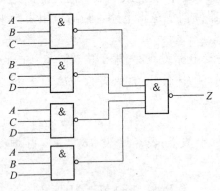

图 18-3　表决电路逻辑图

用实验验证逻辑功能：在实验装置适当位置选定三个 14P 插座，按照集成块定位标记插好集成块 CC4012。

按图 18-3 接线，输入端 A、B、C、D 接至逻辑开关输出插口，输出端 Z 接逻辑电平显示输入插口，按真值表（自拟）要求，逐次改变输入变量，测量相应的输出值，验证逻辑功能，与表 18-1 进行比较，验证所设计的逻辑电路是否符合要求。

18.5　步骤

（1）按图 18 – 3 接线验证四人表决器逻辑功能。

（2）设计一个三人表决器，设计要求 A 具有否决权，用与非门完成电路，要求按本文所述的设计步骤进行，直到测试电路逻辑功能符合设计要求为止。

（3）三人表决器列出真值表，见表 18 – 2。

表 18 – 2　三人表决器真值表

输　　　入			输　　　出
A	B	C	Y
0	0	0	
0	0	1	
0	1	0	
0	1	1	
1	0	0	
1	0	1	
1	1	0	
1	1	1	

（4）根据三人表决器真值表，画出三变量逻辑卡诺图，如图 18 – 4所示。

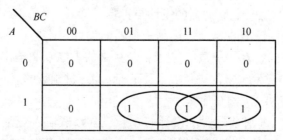

图 18 – 4　三人表决器卡诺图

(5) 三人表决器设计参考电路如图 18 - 5 所示。

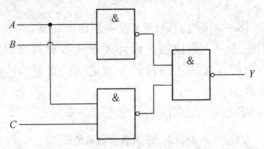

图 18 - 5　三人表决器 A 具有否决权逻辑图

*（6）下列设计题目供同学们根据自己的学习兴趣选做。

1）数据范围指示器的设计与实验：设 A、B、C、D 是 4 位二进制数码，可用来表示 16 个十进制数。设计一个组合逻辑电路，使之能区分下列三种情况：

$$0 \leqslant X \leqslant 4;\ 5 \leqslant X \leqslant 9;\ 10 \leqslant X \leqslant 15$$

要求用与非门及八选一数据选择器两种方法实现。

2）数码转换电路的设计与实验：有一测试系统的测试结果是以二进制数码表示，数的范围为 0 ~ 13，要求用两个七段数码管显示十进制数，试设计将二进制数码转换成 2 位 8421BCD 码的电路。

3）奇偶校验电路的设计与实验：用一个 3 线 - 8 线译码器和最少的门电路设计一个奇偶校验电路，要求当输入的四个变量中有偶数个 1 时输出为 1，否则为 0。

4）3 位二进制加/减器的设计与实验。

①有进位输出的 3 位二进制全加器的设计与实验：全加器的输入变量是被加数 B_i、加数 A_i 以及低位送来的进位 C_i，输出函数为和数 S_i 及向高位发出来的进位 C_{i+1}，下标 i 为二进制数的第 i 位。要求设计一个 3 位二进制全加器。

②3 位二进制全减器的设计与实验：全减器输入变量为被减数 X_i、减数 Y_i 以及低位送来的借位 B_i，全减器的输出为差数 D_i，以及向高位发出的借位 B_{i+1}，下标 i 为二进制数的第 i 位。

5）要求设计一个 3 位二进制全减器。3 位二进制加/减器的设计与实验：在控制变量控制下，既能做加法运算又能做减法运算的电路称为加/减器。其输入变量为加数 A_i（被减数 X_i）、被加数 B_i（减数 Y_i）、低位来的进位 C_i（借位 B_i），以及控制加/减运算的控制变量 M。当 M 为高电平时做加法运算，当 M 为低电平时做减法运算。其输出端有两个：一是和（差）数 $S_i(D_i)$，另一个是向高位发出的进位 C_{i+1}（借位 B_{i+1}）。设计一个 3 位二进制加/减器。

6）编码器、译码器的设计与实验。

①8421BCD 编码器的设计与实验：此电路具有 10 个数码输入端 0~9，当某一输入端为高电平而其余输入端全为低电平时，表示有某一个十进制数码输入，输出仍为相应的 4 位二进制数码，这个数码称为 BCD 码。试设计一个 BCD 码编码器。

②8421BCD 译码器的设计与实验：此电路有输入端四个，输入 8421BCD 码；有十个输出端，分别表示十进制数码 0~9。当某一输出为高电平时，表示相应的 8421BCD 码被译出，此电路与上述编码器连起来，可以互相校验设计的正确性。试设计一个 8421BCD 码译码器。

7）显示电路的设计与实验：设计一个显示电路，用七段译码器显示 A、B、C、D、E、F、G 和 H 八个英语字母。要求先用 3 位二进制数对这些字母进行编码，然后进行译码显示。

8）血型关系检测电路的设计与实验：人类有四种血型：A、AB、B 和 O 型。输血时，输血者和受血者必须符合图 18-6 的规定。即 O 型血可以输给任何血型的人，但是 O 型血的人只能接收 O 型血；AB 型血的人只能输给 AB 型血的人，但 AB 型血的人能接受所有血型的血；A 型可以输给 A 型及 AB 型血的人，而 A 型血的人能接受 A 型血及 O 型血；B 型血输给 B 型及 AB 型血的人，而 B 型血的人能接受 B 型血及 O 型血。

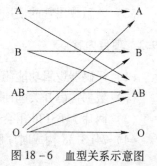

图 18-6　血型关系示意图

试用与非门设计一电路，判断输血和受血者是否符合规定。如符合，输出为 1，否则输出为 0。

18.6　注意事项

（1）根据所给的标准器件完成设计组合电路的任务，并画出逻辑电路图。

（2）实验接线前应先验证用到的与非门的逻辑功能，检查其好坏。

（3）当与非门中某一端不用时应作处理。

（4）实验课前同学们利用课余时间设计好逻辑电路图。

（5）带 * 的实验项目为选做内容。

18.7　报告要求

（1）写出所选题目的实验步骤和测试方法。

（2）根据所选用的器件画出逻辑电路图，并安装调试电路。

（3）分析实验结果，排除实验过程中出现的故障。

（4）体会组合电路设计方法。

项目 19　译码器及其应用

19.1　项目目的

（1）掌握中规模集成译码器的逻辑功能和使用方法。

（2）熟悉数码管的使用方法。

19.2　项目内容

（1）译码器逻辑功能测试。

（2）数据拨码开关的使用。

（3）两片 74LS138 组合成一个 4 线 –16 线译码器。

（4）74LS138 构成时序脉冲分配器。

19.3 项目设备及元器件

（1）+5V 直流电源；（2）双踪示波器；（3）连续脉冲源；（4）逻辑电平开关；（5）逻辑电平显示器；（6）拨码开关组；（7）译码显示器；（8）74LS138 ×2、CC4511。

19.4 项目原理

译码器是一个多输入、多输出的组合逻辑电路。它的作用是把给定的代码进行"翻译"，变成相应的状态，使输出通道中相应的一路有信号输出。译码器在数字系统中有广泛的用途，不仅用于代码的转换、终端的数字显示，还用于数据分配，存储器寻址和组合控制信号等。不同的功能可选用不同种类的译码器。

译码器可分为通用译码器和显示译码器两大类。前者又分为变量译码器和代码变换译码器。

19.4.1 变量译码器（又称二进制译码器）

变量译码器用来表示输入变量的状态，如 2 线 – 4 线、3 线 – 8 线和 4 线 – 16 线译码器。若有 n 个输入变量，则有 $2n$ 个不同的组合状态，就有 $2n$ 个输出端供其使用。而每一个输出所代表的函数对应于 n 个输入变量的最小项。

以 3 线 – 8 线译码器 74LS138 为例进行分析，如图 19 – 1 所示。其中 A_2、A_1、A_0 为地址输入端，$\overline{Y_0} \sim \overline{Y_7}$ 为译码输出端，S_1、$\overline{S_2}$、$\overline{S_3}$ 为使能端。当 $S_1 = 1$，$\overline{S_2} + \overline{S_3} = 0$ 时，器件使能，地址码所指定的输出端有信号（为 0）输出，其他所有输出端均无信号（全为 1）输出。当 $S_1 = 0$，$\overline{S_2} + \overline{S_3} = X$ 时，或 $S_1 = X$，$\overline{S_2} + \overline{S_3} = 1$ 时，译码器被禁止，所有输出同时为 1。

二进制译码器实际上也是负脉冲输出的脉冲分配器。若利用使能端中的一个输入端输入数据信息，器件就成为一个数据分配器（又称多路分配器），如图 19 – 2 所示。若在 S_1 输入端输入数据信息，$\overline{S_2} = \overline{S_3} = 0$，地址码所对应的输出是 S_1 数据信息的反码；若从 $\overline{S_2}$ 端输入数据信息，令 $S_1 = 1$、$\overline{S_3} = 0$，地址码所对应的输出就是 $\overline{S_2}$ 端数据信息的原码。若数据信息是时钟脉冲，则数据分配器便成为时钟脉冲分配器。

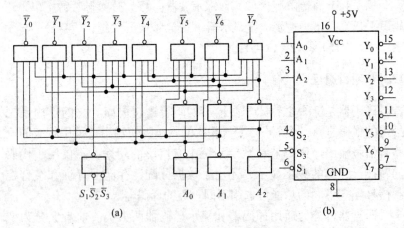

图 19 – 1　3 线 – 8 线译码器 74LS138 逻辑图及引脚排列

(a) 逻辑图；(b) 引脚排列

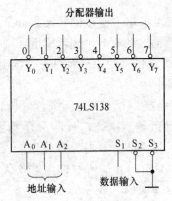

图 19 – 2　作为数据分配器

　　二进制译码器根据输入地址的不同组合译出唯一地址，故可用作地址译码器。接成多路分配器，可将一个信号源的数据信息传输到不同的地点。

　　二进制译码器还能方便地实现逻辑函数，如图 19 – 3 所示，实现的逻辑函数是：

$$Z = \overline{A}\,\overline{B}\,\overline{C} + \overline{A}B\,\overline{C} + A\,\overline{B}\,\overline{C} + ABC$$

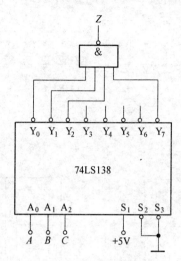

图 19 - 3　实现逻辑函数

利用使能端能方便地将两个 3/8 译码器组合成一个 4/16 译码器，如图 19 - 4 所示。

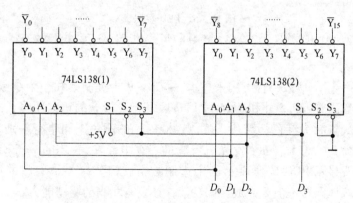

图 19 - 4　用两片 74LS138 组合成 4/16 译码器

19.4.2　数码显示译码器

19.4.2.1　七段发光二极管（LED）数码管

LED 数码管是目前最常用的数字显示器，图 19 - 5(a)、(b) 所示为共阴管和共阳管的电路，图 19 – 5（c）所示为两种不同出线形式的引出脚功能图。

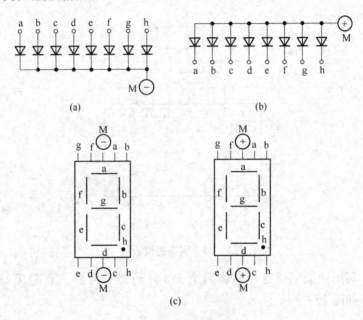

图 19 – 5　LED 数码管

（a）共阴连接（"1"电平驱动）；（b）共阳连接（"0"电平驱动）；

（c）符号及引脚功能

一个 LED 数码管可用来显示一位 0 ~ 9 十进制数和一个小数点。小型数码管（0.5 寸和 0.36 寸）每段发光二极管的正向压降，随显示光（通常为红色、绿色、黄色、橙色）的颜色不同略有差别，通常约为 2 ~ 2.5V，每个发光二极管的点亮电流在 5 ~ 10mA。LED 数码管要显示 BCD 码所表示的十进制数字就需要有一个专门的译码器，该译码器不但要完成译码功能，还要有相当的驱动能力。

19.4.2.2　BCD 码七段译码驱动器

此类译码器型号有 74LS47（共阳）、74LS48（共阴）、CC4511（共阴）等，本实验系采用 CC4511 BCD 码锁存/七段译码/驱动器。驱动共阴极 LED 数码管。图 19 – 6 所示为 CC4511 引脚排列。

其中 A、B、C、D 为 BCD 码输入端，a、b、c、d、e、f、g 为译

码输出端，输出"1"有效，用来驱动共阴极 LED 数码管。

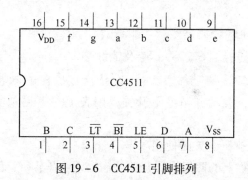

图 19 - 6 CC4511 引脚排列

$\overline{LT}$为测试输入端，$\overline{LT}$ = "0" 时，译码输出全为 "1"。

$\overline{BI}$为消隐输入端，$\overline{BI}$ = "0" 时，译码输出全为 "0"。

LE 为锁定端，LE = "1" 时译码器处于锁定（保持）状态，译码输出保持在 LE = 0 时的数值，LE = 0 为正常译码。

CC4511 内接有上拉电阻，故只需在输出端与数码管笔段之间串入限流电阻即可工作。译码器还有拒伪码功能，当输入码超过 1001 时，输出全为 "0"，数码管熄灭。

在数字电路实验装置上已完成了译码器 CC4511 和数码管 BS202 之间的连接。实验时，只要接通 +5V 电源和将十进制数的 BCD 码接至译码器的相应输入端 A、B、C、D 即可显示 0~9 的数字。四位数码管可接受四组 BCD 码输入。CC4511 与 LED 数码管的连接如图 19 -7 所示。

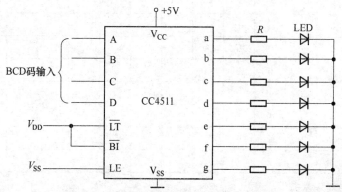

图 19 -7 CC4511 驱动一位 LED 数码管

19.5 步骤

(1) 74LS138 译码器逻辑功能测试。

将译码器使能端 S_1、$\overline{S_2}$、$\overline{S_3}$ 及地址端 A_2、A_1、A_0 分别接至逻辑电平开关输出口，八个输出端 $\overline{Y_7} \sim \overline{Y_0}$ 依次连接在逻辑电平显示器的八个输入口上，拨动逻辑电平开关，按表 19 - 1 逐项测试 74LS138 的逻辑功能。

(2) 数据拨码开关的使用。

将实验装置上的四组拨码开关的输出 A_i、B_i、C_i、D_i 分别接至 4 组显示译码/驱动器 CC4511 的对应输入口，LE、$\overline{BI}$、$\overline{LT}$ 接至三个逻辑开关的输出插口，接上 +5V 显示器的电源，然后按功能表 19 - 2 输入的要求按动四个数码的增减键（"+"与"-"键）和操作与 LE、$\overline{BI}$、$\overline{LT}$ 对应的三个逻辑开关，观测拨码盘上的四位数与 LED 数码管显示的对应数字是否一致，及译码显示是否正常。

表 19 - 1 译码器逻辑功能测试表

输		入			输		出					
S_1	$\overline{S_2} + \overline{S_3}$	A_2	A_1	A_0	$\overline{Y_0}$	$\overline{Y_1}$	$\overline{Y_2}$	$\overline{Y_3}$	$\overline{Y_4}$	$\overline{Y_5}$	$\overline{Y_6}$	$\overline{Y_7}$
1	0	0	0	0								
1	0	0	0	1								
1	0	0	1	0								
1	0	0	1	1								
1	0	1	0	0								
1	0	1	0	1								
1	0	1	1	0								
1	0	1	1	1								
0	×	×	×	×								
×	1	×	×	×								

(3) 用两片 74LS138 组合成一个 4 线 - 16 线译码器，自己设计

表格，并进行实验。

（4）用 74LS138 构成时序脉冲分配器。

参照图 19-2 和实验原理说明，时钟脉冲 CP 频率约为 10kHz，要求分配器输出端 $\overline{Y}_0 \sim \overline{Y}_7$ 的信号与 CP 输入信号同相。

画出分配器的实验电路，用示波器观察和记录在地址端 A_2、A_1、A_0 分别取 000～111 八种不同状态时 $\overline{Y}_0 \sim \overline{Y}_7$ 端的输出波形，注意输出波形与 CP 输入波形之间的相位关系。

表 19-2 数据拨码开关表

输　　入							输　　出							
LE	$\overline{BI}$	$\overline{LT}$	D	C	B	A	a	b	c	d	e	f	g	显示字形
×	×	0	×	×	×	×								
×	0	1	×	×	×	×								
0	1	1	0	0	0	0								
0	1	1	0	0	0	1								
0	1	1	0	0	1	0								
0	1	1	0	0	1	1								
0	1	1	0	1	0	0								
0	1	1	0	1	0	1								
0	1	1	0	1	1	0								
0	1	1	0	1	1	1								
0	1	1	1	0	0	0								
0	1	1	1	0	0	1								
0	1	1	1	0	1	0								
0	1	1	1	0	1	1								
0	1	1	1	1	0	0								
0	1	1	1	1	0	1								
0	1	1	1	1	1	0								
0	1	1	1	1	1	1								
1	1	1	×	×	×	×								

19.6　注意事项

（1）实验前应复习有关译码器和分配器的原理。

（2）为保证实验顺利进行，实验前先了解中规模集成电路管脚的作用。

（3）注意器件电源的极性和管脚排列。

19.7　报告要求

（1）画出实验线路，把观察到的波形画在坐标纸上，并标出对应的地址码。

（2）根据实验内容，画出所需的实验线路，填好实验数据记录表格。

（3）对实验结果进行分析、讨论。

项目 20　RS 触发器

20.1　项目目的

（1）掌握触发器逻辑功能的测试方法。

（2）进一步熟悉基本 RS 触发器、同步 RS 触发器。

（3）了解部分集成块的管脚排列。

20.2　项目内容

（1）基本 RS 触发器的功能测试。

（2）同步 RS 触发器的功能测试。

20.3　项目设备及元器件

（1）+5V 直流电源；（2）万用表；（3）连续脉冲源；（4）单次脉冲源；（5）逻辑电平开关；（6）逻辑电平显示器；（7）74LS00（或 CC4011）。

20.4　项目原理

20.4.1　基本 RS 触发器

图 20-1 所示为由两个与非门交叉耦合构成的基本 RS 触发器，它是无时钟控制低电平直接触发的触发器。基本 RS 触发器具有置"0"、置"1"和"保持"三种功能。通常称 $\bar{S}$ 为置"1"端，因为 $\bar{S}=0(\bar{R}=1)$ 时触发器被置"1"；$\bar{R}$ 为置"0"端，因为 $\bar{R}=0(\bar{S}=1)$ 时触发器被置"0"，当 $\bar{S}=\bar{R}=1$ 时状态保持；$\bar{S}=\bar{R}=0$ 时，触发器状态不定，应避免此种情况发生，表 20-1 为基本 RS 触发器的功能表。基本 RS 触发器也可以用两个"或非门"组成，此时为高电平触发有效。

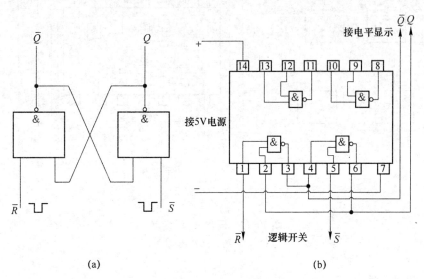

(a)　　　　　　　　　　(b)

图 20-1　基本 RS 触发器

（a）原理图；（b）接线图

表 20-1　基本 RS 触发器的功能表

输　入		输　出	
$\bar{S}$	$\bar{R}$	Q^{n+1}	$\bar{Q}^{n+1}$
0	1	1	0
1	0	0	1

输　　入		输　　出	
$\overline{S}$	$\overline{R}$	Q^{n+1}	$\overline{Q}^{n+1}$
1	1	Q^n	$\overline{Q}^n$
0	0	φ	φ

20.4.2　同步 RS 触发器

实验线路图如图 20 – 2 所示。

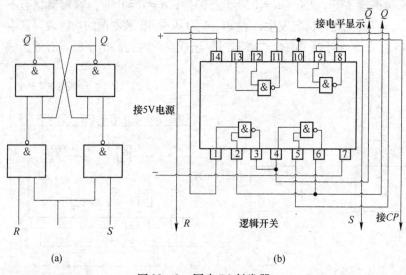

图 20 – 2　同步 RS 触发器

（a）原理图；（b）接线图

20.5　步骤

20.5.1　基本 RS 触发器逻辑功能测试

（1）验证所用与非门的逻辑功能。

（2）用两个二输入与非门，按图 20 – 1 接成基本 RS 触发器，将 $\overline{R}$、$\overline{S}$ 分别接在逻辑控制开关插孔，Q 和 $\overline{Q}$ 分别接在电平显示插孔，经检查无误后，方可通电。

（3）改变 $\bar{R}$、$\bar{S}$ 的电平状态，实现触发器置"0"，置"1"，观察相应的输出状态，并将观察结果填入表 20 - 2 中。

表 20 - 2　基本 RS 触发器逻辑功能测试表

$\bar{R}$	$\bar{S}$	Q	$\bar{Q}$
1	1→0		
	0→1		
1→0	1		
0→1			
0	0		

（4）验证触发器的"不定"状态，使 $\bar{R}$、$\bar{S}$ 一起置"0"或置"1"重复多次，注意观察，可发现，当 $\bar{R}=0$，$\bar{S}=0$ 时，发光二极管都亮，即 $Q=\bar{Q}=1$，但当 $\bar{R}$ 和 $\bar{S}$ 都由"0"变为"1"时，哪一只发光二极管亮，哪一只不亮，观察完毕，切断电源。

20.5.2　同步 RS 触发器的逻辑功能测试

（1）验证所用四个二输入与非门的逻辑功能。

（2）用四个与非门按图 20 - 2 接成同步 RS 触发器，将 R、S 分别接逻辑控制开关插孔，CP 接单次脉冲输出插孔，接好线后，经检查方可通电测试。

（3）分别改变 R、S 的输入电平状态，CP 端悬空，观察触发器 Q 和 $\bar{Q}$ 的逻辑状态。

（4）分别改变 R、S 的输入电平状态，在 CP 端输入单次脉冲，注意观察在按下或放开单次脉冲时，何时改变触发器的输出状态，与 R、S 端的关系如何。观察结果填入表 20 - 3 中。

表 20 - 3　同步 RS 触发器的逻辑功能测试表

CP	R	S	Q^n	Q^{n+1}	触发状态
	0	0			
	0	1			

CP	R	S	Q^n	Q^{n+1}	触发状态
	1	0			
	1	1			

20. 6　注意事项

（1）注意$\bar{R}$、$\bar{S}$状态转换时注意输出状态的变化。

（2）接线前首先检查所用集成块的好坏。

（3）实验时注意与基本 RS 触发器理论知识结合，判断实验结果的正确性。

20. 7　报告要求

（1）列表整理 RS 触发器的逻辑功能。

（2）根据实验测试结果说明触发器的触发方式。

（3）写出触发器应用的体会。

项目 21　D 触发器及 JK 触发器

21. 1　项目目的

（1）掌握 D 和 JK 触发器的逻辑功能及测试方法。

（2）进一步熟悉集成 JK 触发器和集成 D 触发器的逻辑功能及其触发方式。

（3）掌握集成触发器的管脚排列。

21. 2　项目内容

（1）D 触发器的功能测试。

（2）JK 触发器的功能测试。

21. 3　项目设备及元器件

（1）+5V 直流电源；　（2）双踪示波器；　（3）连续脉冲源；

（4）单次脉冲源；（5）逻辑电平开关；（6）逻辑电平显示器；（7）74LS112（或 CC4027），74LS74（或 CC4013）。

21.4　项目原理

21.4.1　JK 触发器

在输入信号为双端的情况下，JK 触发器是功能完善、使用灵活和通用性较强的一种触发器。本实验采用 74LS112 双 JK 触发器，是下降边沿触发的边沿触发器。引脚功能及逻辑符号见附录。

JK 触发器的状态方程为：

$$Q^{n+1} = J\,\overline{Q^n} + \overline{K}Q^n$$

J 和 K 是数据输入端，是触发器状态更新的依据，若 J、K 有两个或两个以上输入端时，组成"与"的关系。Q 与 $\overline{Q}$ 为两个互补输出端。通常把 $Q=0$、$\overline{Q}=1$ 的状态定为触发器"0"状态；而把 $Q=1$，$\overline{Q}=0$ 定为"1"状态。下降沿触发 JK 触发器的功能见表 21-1。

表 21-1　下降沿触发 JK 触发器的功能表

输　入					输　出	
$\overline{S}_D$	$\overline{R}_D$	CP	J	K	Q^{n+1}	$\overline{Q}^{n+1}$
0	1	×	×	×	1	0
1	0	×	×	×	0	1
0	0	×	×	×	φ	φ
1	1	↓	0	0	Q^n	$\overline{Q}^n$
1	1	↓	1	0	1	0
1	1	↓	0	1	0	1
1	1	↓	1	1	$\overline{Q}^n$	Q^n
1	1	↑	×	×	Q^n	$\overline{Q}^n$

注：×为任意态；↓为高到低电平跳变；↑为低到高电平跳变；$Q^n(\overline{Q}^n)$ 为现态；$Q^{n+1}(\overline{Q}^{n+1})$ 为次态；φ为不定态。

JK 触发器常被用作缓冲存储器、移位寄存器和计数器。

21.4.2　D 触发器

在输入信号为单端的情况下，D 触发器用起来最为方便，其状

态方程为 $Q^{n+1} = D^n$，其输出状态的更新发生在 CP 脉冲的上升沿，故又称为上升沿触发的边沿触发器，触发器的状态只取决于时钟到来前 D 端的状态，D 触发器的应用很广，可用作数字信号的寄存、移位寄存、分频和波形发生等。有很多种型号可供各种用途的需要而选用。如双 D 74LS74、四 D 74LS175、六 D 74LS174 等。74LS74 双 D 触发器的引脚排列及逻辑符号见附录。功能见表 21－2。

表 21－2　D 触发器的功能表

输　入				输　出	
$\overline{S}_D$	$\overline{R}_D$	CP	D	Q^{n+1}	$\overline{Q}^{n+1}$
0	1	×	×	1	0
1	0	×	×	0	1
0	0	×	×	φ	φ
1	1	↑	1	1	0
1	1	↑	0	0	1
1	1	↓	×	Q^n	$\overline{Q}^n$

21.5　步骤

21.5.1　测试双 JK 触发器 74LS112 逻辑功能

（1）测试 $\overline{R}_D$、$\overline{S}_D$ 的复位、置位功能。任取一只 JK 触发器，$\overline{R}_D$、$\overline{S}_D$、J、K 端接逻辑开关输出插口，CP 端接单次脉冲源，Q、$\overline{Q}$ 端接至逻辑电平显示输入插口。要求改变 $\overline{R}_D$、$\overline{S}_D$（J、K、CP 处于任意状态），并在 $\overline{R}_D = 0$（$\overline{S}_D = 1$）或 $\overline{S}_D = 0$（$\overline{R}_D = 1$）作用期间任意改变 J、K 及 CP 的状态，观察 Q、$\overline{Q}$ 状态。自拟表格并记录之。

（2）测试 JK 触发器的逻辑功能。按表 21－3 的要求改变 J、K、CP 端状态，观察 Q、$\overline{Q}$ 状态变化，观察触发器状态更新是否发生在 CP 脉冲的下降沿（即 CP 由 1→0），并记录。

表 21 – 3 JK 触发器的逻辑功能测试表

J	K	CP	Q^{n+1}	
			$Q^n = 0$	$Q^n = 1$
0	0	0→1		
		1→0		
0	1	0→1		
		1→0		
1	0	0→1		
		1→0		
1	1	0→1		
		1→0		

21.5.2 测试双 D 触发器 74LS74 的逻辑功能

（1）测试 $\overline{R_D}$、$\overline{S_D}$ 的复位、置位功能。测试方法同实验内容及 21.5.1 中（1），自拟表格记录。

（2）测试 D 触发器的逻辑功能。按表 21 – 4 要求进行测试，并观察触发器状态更新是否发生在 CP 脉冲的上升沿（即由 0→1），并记录。

表 21 – 4 D 触发器的逻辑功能测试表

D	CP	Q^{n+1}	
		$Q^n = 0$	$Q^n = 1$
0	0→1		
	1→0		
1	0→1		
	1→0		

21.6 注意事项

（1）接线前首先检查所用集成块的好坏。

（2）实验时注意与 D、JK 触发器理论知识结合。

（3）接线时应断开电源，严禁带电操作。

21.7　报告要求

（1）列表整理各类触发器的逻辑功能，测试并记录。

（2）分析实验测试的数据说明触发器的触发方式。

（3）分析回答利用普通的机械开关组成的数据开关所产生的信号是否可作为触发器的时钟脉冲信号，为什么？是否可以用作触发器的其他输入端的信号，为什么？

项目 22　移位寄存器及其应用

22.1　项目目的

（1）掌握中规模 4 位双向移位寄存器逻辑功能及使用方法。

（2）熟悉移位寄存器实现数据的串行、并行转换和构成环形计数器。

22.2　项目内容

（1）4 位双向移位寄存器逻辑功能及使用方法。

（2）串、并行转换测试。

（3）环形计数器。

22.3　项目设备及元器件

（1）+5V 直流电源；（2）单次脉冲源；（3）逻辑电平开关；（4）逻辑电平显示器；（5）CC40194 × 2(74LS194)、CC4011(74LS00)、CC4068 (74LS30)。

22.4　项目原理

（1）移位寄存器是一个具有移位功能的寄存器，是指寄存器中所存的代码能够在移位脉冲的作用下依次左移或右移。既能左移又能右移的称为双向移位寄存器，只需要改变左、右移的控制信号便可实现双向移位要求。根据移位寄存器存取信息的方式不同分为：串入串出、串入并出、并入串出、并入并出四种形式。

本实验选用的 4 位双向通用移位寄存器，型号为 CC40194 或 74LS194，两者功能相同，可互换使用，其逻辑符号及引脚排列见附录。其中 D_0、D_1、D_2、D_3 为并行输入端；Q_0、Q_1、Q_2、Q_3 为并行输出端；S_R 为右移串行输入端，S_L 为左移串行输入端；S_1、S_0 为操作模式控制端；$\overline{C_R}$ 为直接无条件清零端；CP 为时钟脉冲输入端。

CC40194 有 5 种不同操作模式：即并行送数寄存，右移（方向由 $Q_0 \rightarrow Q_3$），左移（方向由 $Q_3 \rightarrow Q_0$），保持及清零。S_1、S_0 和 $\overline{C_R}$ 端的控制作用如表 22-1 所示。

表 22-1　4 位双向通用移位寄存器功能表

功能	输　　　　入										输　　出			
	CP	$\overline{C_R}$	S_1	S_0	S_R	S_L	D_0	D_1	D_2	D_3	Q_0	Q_1	Q_2	Q_3
清除	×	0	×	×	×	×	×	×	×	×	0	0	0	0
送数	↑	1	1	1	×	×	a	b	c	d	a	b	c	d
右移	↑	1	0	1	D_{SR}	×	×	×	×	×	D_{SR}	Q_0	Q_1	Q_2
左移	↑	1	1	0	×	D_{SL}	×	×	×	×	Q_1	Q_2	Q_3	D_{SL}
保持	↑	1	0	0	×	×	×	×	×	×	Q_0^n	Q_1^n	Q_2^n	Q_3^n
保持	↓	1	×	×	×	×	×	×	×	×	Q_0^n	Q_1^n	Q_2^n	Q_3^n

（2）移位寄存器应用很广，可构成移位寄存器型计数器、顺序脉冲发生器、串行累加器，可用作数据转换，即把串行数据转换为并行数据，或把并行数据转换为串行数据等。本实验研究移位寄存器用作环形计数器和数据的串、并行转换。

22.4.1　环形计数器

把移位寄存器的输出反馈到它的串行输入
端，就可以进行循环移位，如图 22 - 1 所示，
把输出端 Q_3 和右移串行输入端 S_R 相连接，
设初始状态 $Q_0Q_1Q_2Q_3 = 1000$，则在时钟脉冲
作用下 $Q_0Q_1Q_2Q_3$ 将依次变为 0100→0010→
0001→1000→…，见表 22 - 2，可见它是一

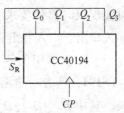

图 22 - 1　环形计数器

个具有四个有效状态的计数器，这种类型的计数器通常称为环形计
数器。图 22 - 2 所示电路可以由各个输出端输出在时间上有先后顺
序的脉冲，因此也可作为顺序脉冲发生器。

表 22 - 2　环形计数器功能表

CP 数	Q_0	Q_1	Q_2	Q_3
0	1	0	0	0
1	0	1	0	0
2	0	0	1	0
3	0	0	0	1

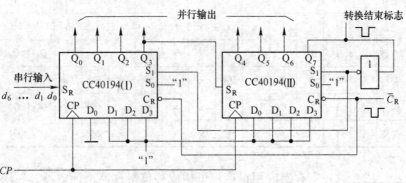

图 22 - 2　七位串行/并行转换器

如果将输出 Q_0 与左移串行输入端 S_L 相连接，即可达左移循环
移位。

22.4.2 实现数据串、并行转换

（1）串行/并行转换器。串行/并行转换是指串行输入的数码，经转换电路之后变换成并行输出。图 22 - 2 所示电路是用二片 CC40194(74LS194) 四位双向移位寄存器组成的七位串/并行数据转换电路。

电路中 S_0 端接高电平 1，S_1 受 Q_7 控制，二片寄存器连接成串行输入右移工作模式。Q_7 是转换结束标志。当 $Q_7 = 1$ 时，S_1 为 0，使之成为 $S_1 S_0 = 01$ 的串入右移工作方式，当 $Q_7 = 0$ 时，$S_1 = 1$，有 $S_1 S_0 = 10$，则串行送数结束，标志着串行输入的数据已转换成并行输出了。

串行/并行转换的具体过程如下：

转换前，$\overline{C_R}$ 端加低电平，使 1、2 两片寄存器的内容清 0，此时 $S_1 S_0 = 11$，寄存器执行并行输入工作方式。当第一个 CP 脉冲到来后，寄存器的输出状态 $Q_0 \sim Q_7$ 为 01111111，与此同时 $S_1 S_0$ 变为 01，转换电路变为执行串入右移工作方式，串行输入数据由 1 片的 S_R 端加入。随着 CP 脉冲的依次加入，输出状态的变化可列成表 22 - 3。

表 22 - 3　串行/并行转换输出状态表

CP 数	Q_0	Q_1	Q_2	Q_3	Q_4	Q_5	Q_6	Q_7	说明
0	0	0	0	0	0	0	0	0	清零
1	0	1	1	1	1	1	1	1	送数
2	d_0	0	1	1	1	1	1	1	
3	d_1	d_0	0	1	1	1	1	1	
4	d_2	d_1	d_0	0	1	1	1	1	右移
5	d_3	d_2	d_1	d_0	0	1	1	1	操作
6	d_4	d_3	d_2	d_1	d_0	0	1	1	七次
7	d_5	d_4	d_3	d_2	d_1	d_0	0	1	
8	d_6	d_5	d_4	d_3	d_2	d_1	d_0	0	
9	0	1	1	1	1	1	1	1	送数

由表 22 – 3 可见，右移操作七次之后，Q_7 变为 0，$S_1 S_0$ 又变为 11，说明串行输入结束。这时，串行输入的数码已经转换成了并行输出了。

当再来一个 CP 脉冲时，电路又重新执行一次并行输入，为第二组串行数码转换做好了准备。

（2）并行/串行转换器。并行/串行转换器是指并行输入的数码经转换电路之后，换成串行输出。

图 22 – 3 所示电路是用两片 CC40194（74LS194）组成的七位并行/串行转换电路，它比图 22 – 2 所示电路多了两只与非门 G_1 和 G_2，电路工作方式同样为右移。

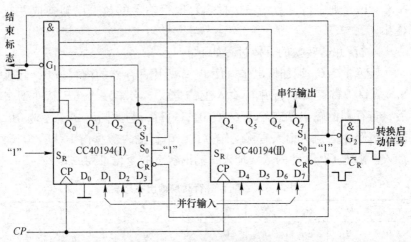

图 22 – 3　七位并行/串行转换器

寄存器清"0"后，加一个转换启动信号（负脉冲或低电平）。此时，由于方式控制 $S_1 S_0$ 为 11，转换电路执行并行输入操作。当第一个 CP 脉冲到来后，$Q_0 Q_1 Q_2 Q_3 Q_4 Q_5 Q_6 Q_7$ 的状态为 $0 D_1 D_2 D_3 D_4 D_5 D_6 D_7$，并行输入数码存入寄存器。从而使得 G_1 输出为 1，G_2 输出为 0，结果，$S_1 S_2$ 变为 01，转换电路随着 CP 脉冲的加入，开始执行右移串行输出，随着 CP 脉冲的依次加入，输出状态依次右移，待右移操作七次后，$Q_0 \sim Q_6$ 的状态都为高电平 1，与非门 G_1 输出为低电平，G_2 门输出为高电平，$S_1 S_2$ 又变为 11，表示并/串行转换结束，且为第二次并行输入创造了条件。转换过程见表 22 – 4。

表 22 – 4　并行/串行转换输出状态表

CP 数	Q_0	Q_1	Q_2	Q_3	Q_4	Q_5	Q_6	Q_7	串行输出
0	0	0	0	0	0	0	0	0	
1	0	D_1	D_2	D_3	D_4	D_5	D_6	D_7	
2	1	0	D_1	D_2	D_3	D_4	D_5	D_6	D_7
3	1	1	0	D_1	D_2	D_3	D_4	D_5	D_6　D_7
4	1	1	1	0	D_1	D_2	D_3	D_4	D_5　D_6　D_7
5	1	1	1	1	0	D_1	D_2	D_3	D_4　D_5　D_6　D_7
6	1	1	1	1	1	0	D_1	D_2	D_3　D_4　D_5　D_6　D_7
7	1	1	1	1	1	1	0	D_1	D_2　D_3　D_4　D_5　D_6　D_7
8	1	1	1	1	1	1	1	0	D_1　D_2　D_3　D_4　D_5　D_6　D_7
9	0	D_1	D_2	D_3	D_4	D_5	D_6	D_7	

中规模集成移位寄存器，其位数往往以 4 位居多，当需要的位数多于 4 位时，可把几片移位寄存器用级连的方法来扩展位数。

22.5　步骤

22.5.1　测试 CC40194（或 74LS194）的逻辑功能

按图 22 – 4 接线，$\overline{C}_R$、S_1、S_0、S_L、S_R、D_0、D_1、D_2、D_3 分别接至逻辑开关的输出插口；Q_0、Q_1、Q_2、Q_3 接至逻辑电平显示输入插口。CP 端接单次脉冲源。按表 22 – 5 所规定的输入状态，逐项进行测试。

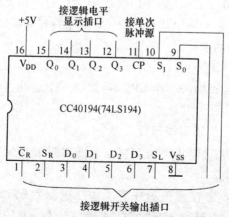

图 22 – 4　CC40194 逻辑功能测试

（1）清除：令 $\overline{C_R} = 0$，其他输入均为任意态，这时寄存器输出 Q_0、Q_1、Q_2、Q_3 应均为 0。清除后，置 $\overline{C_R} = 1$。

表 22 – 5　并行/串行转换输出状态表

清除	模式		时钟	串行		输入	输出	功能总结
$\overline{C_R}$	S_1	S_0	CP	S_L	S_R	$D_0 D_1 D_2 D_3$	$Q_0 Q_1 Q_2 Q_3$	
0	×	×	×	×	×	× × × ×		
1	1	1	↑	×	×	a b c d		
1	0	1	↑	×	0	× × × ×		
1	0	1	↑	×	1	× × × ×		
1	0	1	↑	×	0	× × × ×		
1	0	1	↑	×	0	× × × ×		
1	1	0	↑	1	×	× × × ×		
1	1	0	↑	1	×	× × × ×		
1	1	0	↑	1	×	× × × ×		
1	1	0	↑	1	×	× × × ×		
1	0	0	↑	×	×	× × × ×		

（2）送数：令 $\overline{C_R} = S_1 = S_0 = 1$，送入任意 4 位二进制数，如 $D_0 D_1 D_2 D_3 = abcd$，加 CP 脉冲，观察 $CP = 0$、CP 由 0→1、CP 由 1→0 三种情况下寄存器输出状态的变化，观察寄存器输出状态变化是否发生在 CP 脉冲的上升沿。

（3）右移：清零后，令 $\overline{C_R} = 1$，$S_1 = 0$，$S_0 = 1$，由右移输入端 S_R 送入二进制数码如 0100，由 CP 端连续加 4 个脉冲，观察输出情况，并记录。

（4）左移：先清零或预置，再令 $\overline{C_R} = 1$，$S_1 = 1$，$S_0 = 0$，由左移输入端 S_L 送入二进制数码如 1111，连续加四个 CP 脉冲，观察输出端情况，并记录。

（5）保持：寄存器预置任意 4 位二进制数码 abcd，令 $\overline{C_R} = 1$，$S_1 = S_0 = 0$，加 CP 脉冲，观察寄存器输出状态，并记录。

22.5.2 环形计数器

自拟实验线路用并行送数法预置寄存器为某二进制数码（如 0100），然后进行右移循环，观察寄存器输出端状态的变化，记入表 22-6 中。

表 22-6 环行计数器输出状态表

CP 数	Q_0	Q_1	Q_2	Q_3
0	0	1	0	0
1				
2				
3				
4				

22.5.3 实现数据的串、并行转换

（1）串行输入、并行输出。按图 22-3 接线，进行右移串入、并出实验，串入数码自定。改接线路用左移方式实现并行输出。自拟表格，并记录。

（2）并行输入、串行输出。按图 22-4 接线，进行右移并入、串出实验，并入数码自定。改接线路用左移方式实现串行输出。自拟表格，并记录。

22.6 注意事项

（1）接线前应先检查实验所用元器件的好坏。

（2）带 * 的实验项目为选做内容。

（3）集成块的引脚排列图见附录。

22.7 报告要求

（1）分析表 22-4 的实验结果，总结移位寄存器 CC40194 的逻

辑功能并写入表格功能总结一栏中。

（2）根据实验内容及步骤 22.5.2 的结果，画出 4 位环形计数器的状态转换图及波形图。

（3）分析串/并、并/串转换器所得结果的正确性。

项目 23 555 时基电路的应用

23.1 项目目的

（1）熟悉 555 型集成时基电路结构、工作原理及其特点。

（2）掌握 555 型集成时基电路的基本应用方法。

23.2 项目内容

（1）555 定时器组成单稳态触发器。

（2）555 定时器组成多谐振荡器。

（3）555 定时器组成占空比可调的多谐振荡器。

（4）555 定时器组成施密特触发器。

23.3 项目设备及元器件

（1）+5V 直流电源；（2）双踪示波器；（3）连续脉冲源；（4）单次脉冲源；（5）音频信号源；（6）数字频率计；（7）逻辑电平显示器；（8）555 ×2、2CK13 ×2、电位器、电阻、电容若干。

23.4 项目原理

集成时基电路又称为集成定时器或 555 电路，是一种数字、模拟混合型的中规模集成电路，应用十分广泛。它是一种产生时间延迟和多种脉冲信号的电路，由于内部电压标准使用了三个 5kΩ 电阻，故取名 555 电路。其电路类型有双极型和 CMOS 型两大类，二者的结构与工作原理类似。几乎所有的双极型产品型号最后的三位数码都是 555 或 556；所有的 CMOS 产品型号最后四位数码都是 7555 或

7556。二者的逻辑功能和引脚排列完全相同，易于互换。555 和 7555 是单定时器；556 和 7556 是双定时器。双极型的电源电压V_{CC} = +5 ~ +15V，输出的最大电流可达 200mA，CMOS 型的电源电压为 +3 ~ +18V。

555 定时器主要是与电阻、电容构成充放电电路，并由两个比较器来检测电容器上的电压，以确定输出电平的高低和放电开关管的通断。这就很方便地构成从微秒到数十分钟的延时电路，可方便地构成单稳态触发器，多谐振荡器，施密特触发器等脉冲产生或波形变换电路。

23.4.1 555 定时器组成单稳态触发器

如图 23 – 1(a) 所示为由 555 定时器和外接定时元件 R、C 构成的单稳态触发器。触发电路由 C_1、R_1、D 构成，其中 D 为钳位二极管，稳态时 555 电路输入端处于电源电平，内部放电开关管 T 导通，输出端 F 输出低电平，当有一个外部负脉冲触发信号经 C_1 加到 2 端。并使 2 端电位瞬时低于 $\frac{1}{3}V_{CC}$，低电平比较器动作，单稳态电路即开始一个暂态过程，电容 C 开始充电，V_C 按指数规律增长。当 V_C 充电到 $\frac{2}{3}V_{CC}$ 时，高电平比较器动作，比较器 A_1 翻转，输出 V_o 从高电平返回低电平，放电开关管 T 重新导通，电容 C 上的电荷很快经放电开关放电，暂态结束，恢复稳态，为下个触发脉冲的来到做好准备。波形图如图 23 – 1(b) 所示。

暂稳态的持续时间 t_w（即为延时时间）决定于外接元件 R、C 值的大小。

$$t_w = 1.1RC$$

通过改变 R、C 的大小，可使延时时间在几个微秒到几十分钟之间变化。当这种单稳态电路作为计时器时，可直接驱动小型继电器，并可以使用复位端（4 脚）接地的方法来中止暂态，重新计时。此外尚须用一个续流二极管与继电器线圈并接，以防继电器线圈反电势损坏内部功率管。

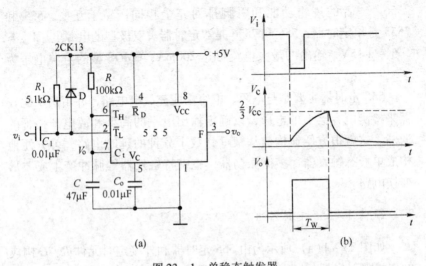

图 23 – 1 单稳态触发器

（a）单稳态触发器电路；（b）单稳态触发器波形图

23.4.2 555 定时器组成多谐振荡器

如图 23 – 2（a）所示，由 555 定时器和外接元件 R_1、R_2、C 构成多谐振荡器，脚 2 与脚 6 直接相连。电路没有稳态，仅存在两个暂稳态，电路也不需要外加触发信号，利用电源通过 R_1、R_2 向 C 充电，以及 C 通过 R_2 向放电端 C_t 放电，使电路产生振荡。电容 C 在 $\frac{1}{3}V_{cc}$ 和 $\frac{2}{3}V_{cc}$ 之间充电和放电，其波形如图 23 – 2（b）所示。输出信号的时间参数是：

$$T = t_{w1} + t_{w2}, t_{w1} = 0.7(R_1 + R_2)C, t_{w2} = 0.7R_2C$$

555 定时器电路要求 R_1 与 R_2 均应大于或等于 1kΩ，但 $R_1 + R_2$ 应小于或等于 3.3MΩ。外部元件的稳定性决定了多谐振荡器的稳定性，555 定时器配以少量的元件即可获得较高精度的振荡频率和具有较强的功率输出能力。因此这种形式的多谐振荡器应用很广。

23.4.3 555 定时器组成占空比可调的多谐振荡器

电路如图 23 – 3 所示，它比图 23 – 2 所示电路增加了一个电位器和两个导引二极管。D_1、D_2用来决定电容充、放电电流流经电阻的途径（充电时D_1导通，D_2截止；放电时D_2导通，D_1截止）。占空比

$$P = \frac{t_{w1}}{t_{w1} + t_{w2}} \approx \frac{0.7R_AC}{0.7C(R_A + R_B)} = \frac{R_A}{R_A + R_B}$$

可见，若取$R_A = R_B$电路即可输出占空比为50%的方波信号。

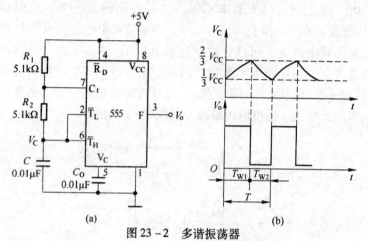

图23-2　多谐振荡器

（a）多谐振荡器电路；（b）多谐振荡器波形图

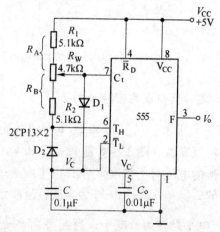

图23-3　占空比可调的多谐振荡器

23.4.4　555定时器组成占空比连续可调并能调节振荡频率的多谐振荡器

电路如图23-4所示。对C_1充电时，充电电流通过R_1、D_1、R_{W2}和R_{W1}；放电时通过R_{W1}、R_{W2}、D_2、R_2。当$R_1=R_2$、R_{W2}调至中心点时，因充放电时间基本相等，其占空比约为50%，此时调节R_{W1}仅改变频率，占空比不变。如R_{W2}调至偏离中心点，再调节R_{W1}，不仅振荡频率改变，而且对占空比也有影响。R_{W1}不变，调节R_{W2}，仅改变占空比，对频率无影响。因此，当接通电源后，应首先调节R_{W1}使频率至规定值，再调节R_{W2}，以获得需要的占空比。若频率调节的范围比较大，还可以用波段开关改变C_1的值。

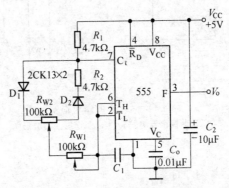

图23-4　占空比与频率均可调的多谐振荡器

23.4.5　555定时器组成施密特触发器

电路如图23-5所示，只要将脚2、6连在一起作为信号输入端，即得到施密特触发器。图23-6是V_s，V_i和V_o的波形图。

设被整形变换的电压为正弦波V_s，其正半波通过二极管D同时加到555定时器的2脚和6脚，得V_i为半波整流波形。当V_i上升到$\frac{2}{3}V_{CC}$时，V_o从高电平翻转为低电平；当V_i下降到$\frac{1}{3}V_{CC}$时，V_o又从低电平翻转为高电平。电路的电压传输特性曲线如图23-7所示。

回差电压：

$$\Delta V = \frac{2}{3} V_{CC} - \frac{1}{3} V_{CC} = \frac{1}{3} V_{CC}$$

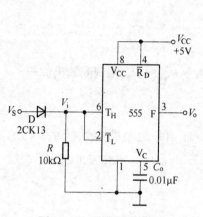

图 23 - 5　施密特触发器

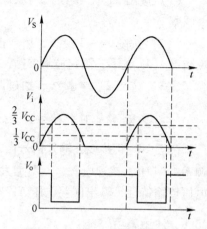

图 23 - 6　施密特触发器波形图

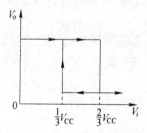

图 23 - 7　电压传输特性

23.5　步骤

23.5.1　单稳态触发器

（1）按图 23 - 1 连线，取 $R = 100\text{k}\Omega$，$C = 47\mu\text{F}$，输入信号 V_i 由单次脉冲源提供，用双踪示波器观测 V_i、V_C、V_o 波形。测定幅度与暂稳时间。

（2）将 R 改为 $1\text{k}\Omega$，C 改为 $0.1\mu\text{F}$，输入端加 1kHz 的连续脉冲，观测波形 V_i、V_C、V_o，测定幅度及暂稳时间。

23.5.2　多谐振荡器

（1）按图 23 - 2 接线，用双踪示波器观测 V_c 与 V_o 的波形，测定频率。

*（2）按图 23 - 3 接线，组成占空比为 50% 的方波信号发生器。观测 V_c、V_o 波形，测定波形参数。

*（3）按图 23 - 4 接线，通过调节 R_{W1} 和 R_{W2} 来观测输出波形。

*23.5.3　施密特触发器

按图 23 - 5 接线，输入信号由音频信号源提供，预先调好 V_S 的频率为 1kHz，接通电源，逐渐加大 V_S 的幅度，观测输出波形，测绘电压传输特性，算出回差电压 ΔV。

23.6　注意事项

（1）实验中对自激多谐振荡器的参数要根据实验情况进行适当调整。

（2）接线前先检查实验所用集成块和元器件的好坏。

（3）用示波器测定波形时注意 CP 和 Q 端的波形同时测量，便于比较。

（4）带 * 的实验项目为选做内容。

23.7　报告要求

（1）绘出详细的实验线路图，定量绘出观测到的波形。

（2）分析、总结实验结果。

项目 24　加、减法计数器

24.1　项目目的

（1）掌握用集成触发器构成加、减法计数器的方法。

（2）掌握中规模集成计数器的使用及功能测试方法。

24.2　项目内容

（1）加法计数器。

（2）减法计数器。

24.3　项目设备及元器件

（1）+5V 直流电源；（2）双踪示波器；（3）连续脉冲源；（4）单次脉冲源；（5）逻辑电平开关；（6）逻辑电平显示器；（7）译码显示器；（8）CC4013 × 2（74LS74）、CC40192（74LS192）、CC4011（74LS00）。

24.4　项目原理

计数器是一个用以实现计数功能的时序部件，它不仅可用来计脉冲数，还常用来完成数字系统的定时、分频和执行数字运算以及其他特定的逻辑功能。

计数器种类很多。按构成计数器中的各触发器是否使用一个时钟脉冲源来分，有同步计数器和异步计数器。根据计数制的不同，分为二进制计数器、十进制计数器和任意进制计数器。根据计数的增减趋势，又分为加法、减法和可逆计数器。还有可预置数和可编程序功能计数器等。目前，无论是 TTL 还是 CMOS 集成电路，都有品种较齐全的中规模集成计数器。使用者只要借助于器件手册提供的功能表和工作波形图以及引出端的排列，就能正确地运用这些器件。

24.4.1　用 D 触发器构成异步二进制加/减计数器

图 24 – 1 是用四只 D 触发器构成的四位二进制异步加法计数器，它的连接特点是将每只 D 触发器接成 T' 触发器，再由低位触发器的 $\overline{Q}$ 端和高一位的 CP 端相连接。

若将图 24 – 1 稍加改动，即将低位触发器的 Q 端与高一位的 CP 端相连接，即构成了一个 4 位二进制减法计数器。

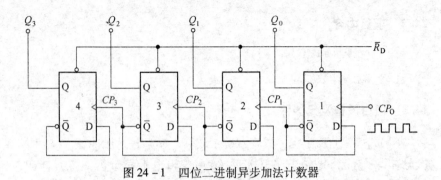

图 24 - 1　四位二进制异步加法计数器

24.4.2　中规模十进制计数器

CC40192 是同步十进制可逆计数器，具有双时钟输入，并具有清除和置数等功能，其引脚排列如图 24 - 2 所示，其逻辑符号如图 24 - 3 所示。

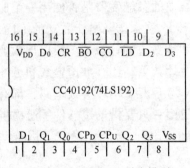

图 24 - 2　CC40192 引脚排列

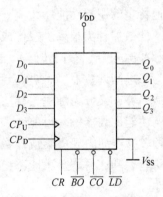

图 24 - 3　CC40192 逻辑符号

图中，$\overline{LD}$ 为置数端，CP_U 为加计数端，CP_D 为减计数端，$\overline{CO}$ 为非同步进位输出端，$\overline{BO}$ 为非同步借位输出端，D_0、D_1、D_2、D_3 为计数器输入端，Q_0、Q_1、Q_2、Q_3 为数据输出端，CR 为清除端。

CC40192（同 74LS192，二者可互换使用）的功能见表 24 - 1，说明如下：

当清除端 CR 为高电平"1"时，计数器直接清零；CR 置低电平则执行其他功能。

当 CR 为低电平，置数端 $\overline{LD}$ 也为低电平时，数据直接从置数端 D_0、D_1、D_2、D_3 置入计数器。

当 CR 为低电平，$\overline{LD}$ 为高电平时，执行计数功能。执行加计数时，减计数端 CP_D 接高电平，计数脉冲由 CP_U 输入；在计数脉冲上升沿进行 8421 码十进制加法计数。执行减计数时，加计数端 CP_U 接高电平，计数脉冲由减计数端 CP_D 输入，表 24 – 2 为 8421 码十进制加、减计数器的状态转换表。

表 24 – 1　CC40192 逻辑功能表

输　入								输　出			
CR	$\overline{LD}$	CP_U	CP_D	D_3	D_2	D_1	D_0	Q_3	Q_2	Q_1	Q_0
1	×	×	×	×	×	×	×	0	0	0	0
0	0	×	×	d	c	b	a	d	c	b	a
0	1	↑	1	×	×	×	×	加计数			
0	1	1	↑	×	×	×	×	减计数			

加法计数 ⟶

表 24 – 2　十进制加、减计数器的状态转换表

输入脉冲数		0	1	2	3	4	5	6	7	8	9
输出	Q_3	0	0	0	0	0	0	0	0	1	1
	Q_2	0	0	0	0	1	1	1	1	0	0
	Q_1	0	0	1	1	0	0	1	1	0	0
	Q_0	0	1	0	1	0	1	0	1	0	1

⟵ 减计数

24.5　步骤

24.5.1　用 CC4013 或 74LS74 D 触发器构成 4 位二进制异步加法计数器

(1) 按图 24 – 1 接线，$\overline{R_D}$ 接至逻辑开关输出插口，将低位 CP_0 端接单次脉冲源，输出端 Q_3、Q_2、Q_1、Q_0 接逻辑电平显示输入插

口，$\overline{S}_\text{D}$ 接高电平 "1"。

（2）清零后，逐个送入单次脉冲，观察并记录 $Q_3 \sim Q_0$ 状态，填入表 24-3 中。

表 24-3　4 位二进制异步加法计数器数据表

CP 数	二进制码				十进制码
	Q_3	Q_2	Q_1	Q_0	
0					
1					
2					
3					
4					
5					
6					
7					
8					
9					
10					
11					
12					
13					
14					
15					
16					

（3）将单次脉冲改为 1Hz 的连续脉冲，观察 $Q_3 \sim Q_0$ 的状态。

（4）将 1Hz 的连续脉冲改为 1kHz，用双踪示波器观察 CP、Q_3、Q_2、Q_1、Q_0 端波形，并记录之。

（5）将图 24-1 电路中的低位触发器的 Q 端与高一位的 CP 端相连接，构成减法计数器，按实验内容及步骤 1 中的（2）~（4）进行实验，观察并记录 $Q_3 \sim Q_0$ 的状态填入表 24-4。

表 24 – 4　减法计数器数据表

CP 数	二进制码				十进制码
	Q_3	Q_2	Q_1	Q_0	
0					
1					
2					
3					
4					
5					
6					
7					
8					
9					
10					
11					
12					
13					
14					
15					
16					

*24.5.2　测试 CC40192 或 74LS192 同步十进制可逆计数器的逻辑功能

计数脉冲由单次脉冲源提供，清除端 CR、置数端 $\overline{LD}$、数据输入端 D_3、D_2、D_1、D_0 分别接逻辑开关，输出端 Q_3、Q_2、Q_1、Q_0 接实验设备的一个译码显示输入相应插口 A、B、C、D；$\overline{CO}$ 和 $\overline{BO}$ 接逻辑电平显示插口。按表 24 – 1 逐项测试并判断该集成块的功能是否正常。

（1）清除。令 $CR = 1$，其他输入为任意态，这时 $Q_3 Q_2 Q_1 Q_0 =$

0000，译码数字显示为 0。清除功能完成后，置 $CR = 0$。

（2）置数。$CR = 0$，CP_U、CP_D 任意，数据输入端输入任意一组二进制数，令 $\overline{LD} = 0$，观察计数译码显示输出，预置功能是否完成，此后置 $\overline{LD} = 1$。

（3）加计数。$CR = 0$，$\overline{LD} = CP_D = 1$，CP_U 接单次脉冲源。清零后送入 10 个单次脉冲，观察译码数字显示是否按 8421 码十进制状态转换表进行，输出状态变化是否发生在 CP_U 的上升沿。

（4）减计数。$CR = 0$，$\overline{LD} = CP_U = 1$，CP_D 接单次脉冲源。参照（3）进行实验。

24.6　注意事项

（1）接线前应先检查实验所用元器件的好坏。

（2）用示波器观测波形时注意 CP 和 Q 端的波形同时测量，便于比较。

（3）带 * 的实验项目为选做内容。

（4）集成块的引脚排列图见附录。

24.7　报告要求

（1）画出实验线路图，记录、整理实验现象及实验所得的有关状态和波形。

（2）对实验结果进行分析。

（3）总结使用集成计数器的体会。

项目 25　计数器的级联

25.1　项目目的

（1）进一步掌握成计数器的使用方法。

（2）掌握中规模集成计数器的使用及功能测试方法。

（3）了解运用集成计数器构成 1/N 分频器。

25.2　项目内容

（1）100 进制加减法计数器。

（2）60 进制加法计数器。

25.3　项目设备及元器件

（1）+5V 直流电源；（2）双踪示波器；（3）连续脉冲源；（4）单次脉冲源；（5）逻辑电平开关；（6）逻辑电平显示器；（7）译码显示器；（8）CC40192×3(74LS192)、CC4011(74LS00)、CC4012(74LS20)。

25.4　项目原理

25.4.1　计数器的级联使用

一个十进制计数器只能表示 0 ~ 9 十个数，为了扩大计数器范围，常用多个十进制计数器级联使用。

同步计数器往往设有进位（或借位）输出端，故可选用其进位（或借位）输出信号驱动下一级计数器。

图 25 - 1 是由 CC40192 利用进位输出 $\overline{CO}$ 控制高一位的 CP_U 端构成的加数级联图。

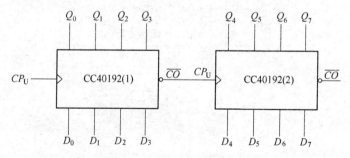

图 25 - 1　CC40192 级联电路

25.4.2　计数器的级联实现任意进制计数

（1）用复位法获得任意进制计数器。假定已有 N 进制计数器，

而需要得到一个 M 进制计数器时，只要 $M < N$，用复位法使计数器计数到 M 时置"0"，即获得 M 进制计数器。图 25 – 2 所示为一个由 CC40192 十进制计数器接成的 6 进制计数器。

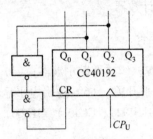

图 25 – 2　六进制计数器

（2）利用预置功能获 M 进制计数器。图 25 – 3 为用三个 CC40192 组成的 421 进制计数器。

外加的由与非门构成的锁存器可以克服器件计数速度的离散性，保证在反馈置"0"信号作用下计数器可靠置"0"。

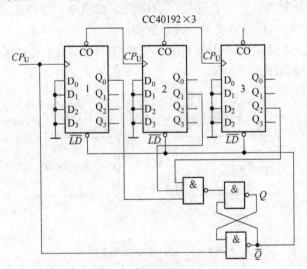

图 25 – 3　421 进制计数器

图 25 – 4 是一个特殊十二进制的计数器电路方案。在数字钟里，对时位的计数序列是 1、2、…、11、12、1、…，是十二进制的，且

无 0 数。当计数到 13 时，通过与非门产生一个复位信号，使 CC40192(2)（时十位）直接置成 0000，而 CC40192(1)，即时的个位直接置成 0001，从而实现了 1~12 计数。

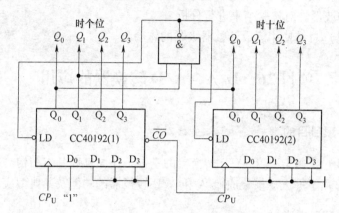

图 25 - 4　特殊十二进制计数器

25.5　步骤

（1）如图 25 - 1 所示，用两片 CC40192 组成两位十进制加法计数器，输入 1Hz 连续计数脉冲，进行由 00~99 累加计数，并记录。

（2）将两位十进制加法计数器改为两位十进制减法计数器，实现由 99~00 递减计数，并记录。

（3）按图 25 - 2 电路进行实验，并记录。

（4）按图 25 - 3 或图 25 - 4 进行实验，并记录。

*（5）设计一个数字钟移位 60 进制计数器并进行实验。

25.6　注意事项

（1）接线前应先检查实验所用元器件的好坏。

（2）用示波器观测波形时注意 CP 和 Q 端的波形同时测量，便于比较。

（3）带 * 的实验项目为选做内容。

（4）集成块的引脚排列图见附录。

25.7　报告要求

（1）画出实验线路图，记录、整理实验现象及实验所得的有关状态和波形。对实验结果进行分析。

（2）总结使用集成计数器级联的体会。

项目 26　D/A、A/D 转换器的应用

26.1　项目目的

（1）了解 D/A 和 A/D 转换器的基本工作原理和基本结构。

（2）掌握大规模集成 D/A 和 A/D 转换器的功能及其典型应用。

26.2　项目内容

（1）D\A 转换器（DAC0832）。

（2）A\D 转换器（ADC0809）。

26.3　项目设备及元器件

（1）+5V、±15V 直流电源；（2）双踪示波器；（3）计数脉冲源；（4）逻辑电平开关；（5）逻辑电平显示器；（6）直流数字电压表；（7）DAC0832、ADC0809、μA741、电位器、电阻、电容若干。

26.4　项目原理

在数字电子技术的很多应用场合往往需要把模拟量转换为数字量，称为模/数转换器（A/D 转换器，简称 ADC），或把数字量转换成模拟量，称为数/模转换器（D/A 转换器，简称 DAC）。完成这种转换的线路有多种，特别是单片大规模集成 A/D、D/A 转换器问世，为实现上述的转换提供了极大的方便。使用者可借助于手册提供的器件性能指标及典型应用电路，即可正确使用这些器件。本实验将采用大规模集成电路 DAC0832 实现 D/A 转换，ADC0809 实现 A/D 转换。

26.4.1　D/A 转换器 DAC0832

DAC0832 是采用 CMOS 工艺制成的单片电流输出型 8 位数/模转换器。图 26 - 1 是 DAC0832 的逻辑框图及引脚排列。

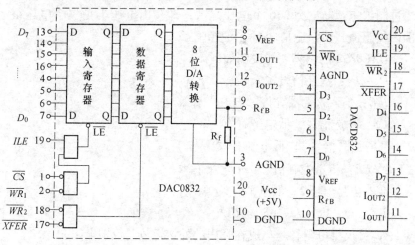

图 26 - 1　DAC0832 单片 D/A 转换器逻辑框图和引脚排列

器件的核心部分采用倒 T 型电阻网络的 8 位 D/A 转换器，如图 26 - 2 所示。它是由倒 T 型 $R - 2R$ 电阻网络、模拟开关、运算放大器和参考电压 V_{REF} 四部分组成。

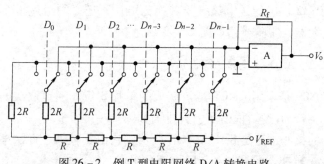

图 26 - 2　倒 T 型电阻网络 D/A 转换电路

运放的输出电压为

$$V_o = -\frac{V_{REF} \cdot R_f}{2^n R}(D_{n-1} \cdot 2^{n-1} + D_{n-2} \cdot 2^{n-2} + \cdots + D_0 \cdot 2^0)$$

由上式可见，输出电压 V_o 与输入的数字量成正比，这就实现了从数字量到模拟量的转换。

一个 8 位的 D/A 转换器，它有 8 个输入端，每个输入端是 8 位二进制数的一位，有一个模拟输出端，输入可有 $2^8 = 256$ 个不同的二进制组态，输出为 256 个电压之一，即输出电压不是整个电压范围内任意值，而只能是 256 个可能值。

DAC0832 的引脚功能说明如下。

$D_0 \sim D_7$：数字信号输入端。

ILE：输入寄存器允许，高电平有效。

$\overline{CS}$：片选信号，低电平有效。

$\overline{WR_1}$：写信号 1，低电平有效。

$\overline{XFER}$：传送控制信号，低电平有效。

$\overline{WR_2}$：写信号 2，低电平有效。

I_{OUT1}，I_{OUT2}：DAC 电流输出端。

R_{fB}：反馈电阻，是集成在片内的外接运放的反馈电阻。

V_{REF}：基准电压（ $-10 \sim +10V$ ）。

V_{CC}：电源电压（ $+5 \sim +15V$ ）。

AGND：模拟地。

NGND：数字地（可与 AGND 接在一起使用）。

DAC0832 输出的是电流，要转换为电压，还必须经过一个外接的运算放大器，实验线路如图 26-3 所示。

26.4.2 A/D 转换器 ADC0809

ADC0809 是采用 CMOS 工艺制成的单片 8 位 8 通道逐次渐近型模/数转换器，其逻辑框图及引脚排列如图 26-4 所示。

器件的核心部分是 8 位 A/D 转换器，它由比较器、逐次渐近寄存器、D/A 转换器及控制和定时 5 部分组成。

ADC0809 的引脚功能说明如下：

$IN_0 \sim IN_7$：8 路模拟信号输入端。

A_2、A_1、A_0：地址输入端。

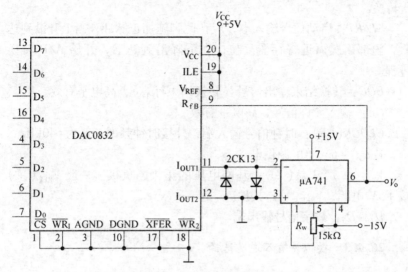

图 26 - 3 D/A 转换器实验线路

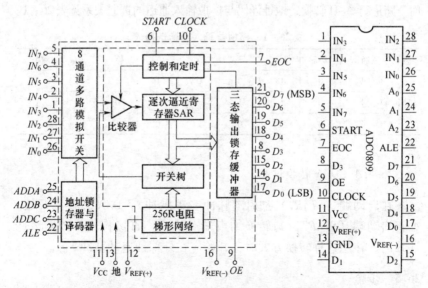

图 26 - 4 ADC0809 转换器逻辑框图及引脚排列

ALE：地址锁存允许输入信号，在此脚施加正脉冲，上升沿有效，此时锁存地址码，从而选通相应的模拟信号通道，以便进行 A/

D 转换。

　　START：启动信号输入端，应在此脚施加正脉冲，当上升沿到达时，内部逐次逼近寄存器复位，在下降沿到达后，开始 A/D 转换过程。

　　EOC：转换结束输出信号（转换结束标志），高电平有效。

　　OE：输入允许信号，高电平有效。

　　CLOCK(*CP*)：时钟信号输入端，外接时钟频率一般为 640kHz。

　　V_{CC}：+5V 单电源供电。

　　$V_{REF}(+)$、$V_{REF}(-)$：基准电压的正极、负极。一般 $V_{REF}(+)$ 接 +5V 电源，$V_{REF}(-)$ 接地。

　　$D_7 \sim D_0$：数字信号输出端。

26.4.3　模拟量输入通道选择

　　8 路模拟开关由 A_2、A_1、A_0 三地址输入端选通 8 路模拟信号中的任何一路进行 A/D 转换，地址译码与模拟输入通道的选通关系见表 26-1。

表 26-1　模拟量输入通道选择表

被选模拟通道		IN_0	IN_1	IN_2	IN_3	IN_4	IN_5	IN_6	IN_7
地址	A_2	0	0	0	0	1	1	1	1
	A_1	0	0	1	1	0	0	1	1
	A_0	0	1	0	1	0	1	0	1

26.4.4　D/A 转换过程

　　在启动端（*START*）加启动脉冲（正脉冲），D/A 转换即开始。如将启动端（*START*）与转换结束端（*EOC*）直接相连，转换将是连续的，在用这种转换方式时，开始应在外部加启动脉冲。

26.5　步骤

26.5.1　D/A 转换器——DAC0832

　　（1）按图 26-3 接线。电路接成直通方式，即 $\overline{CS}$、$\overline{WR_1}$、$\overline{WR_2}$、

XFER 接地；*ALE*、V_{CC}、V_{REF} 接 + 5V 电源；运放电源接 ± 15V；D_0 ~ D_7 接逻辑开关的输出插口，输出端 V_o 接直流数字电压表。

（2）调零，令 D_0 ~ D_7 全置零，调节运放的电位器使 μA741 输出为零。

（3）按表 26 – 2 所列的输入数字信号，用数字电压表测量运放的输出电压 V_o，将测量结果填入表中，并与理论值进行比较。

表 26 – 2　D/A 转换器数据表

输入 数 字 量								输出模拟量 V_o/V
D_7	D_6	D_5	D_4	D_3	D_2	D_1	D_0	V_{CC} = + 5V
0	0	0	0	0	0	0	0	
0	0	0	0	0	0	0	1	
0	0	0	0	0	0	1	0	
0	0	0	0	0	1	0	0	
0	0	0	0	1	0	0	0	
0	0	0	1	0	0	0	0	
0	0	1	0	0	0	0	0	
0	1	0	0	0	0	0	0	
1	0	0	0	0	0	0	0	
1	1	1	1	1	1	1	1	

26.5.2　A/D 转换器——ADC0809

按图 26 – 5 接线。

（1）8 路输入模拟信号 1 ~ 4.5V，由 + 5V 电源经电阻 *R* 分压组成；变换结果 D_0 ~ D_7 接逻辑电平显示器输入插口，*CP* 时钟脉冲由计数脉冲源提供，取 $f = 100\text{kHz}$，A_0 ~ A_2 地址端接逻辑电平输出插口。

（2）接通电源后，在启动端（*START*）加一正单次脉冲，下降沿一到即开始 A/D 转换。

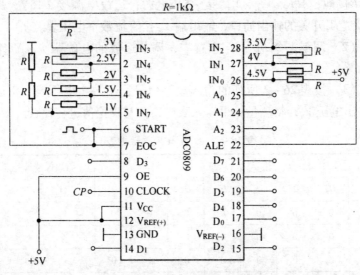

图 26 - 5 ADC0809 实验线路

（3）按表 26 - 3 的要求观察，记录 $IN_0 \sim IN_7$ 8 路模拟信号的转换结果，将转换结果换算成十进制数表示的电压值，并与数字电压表实测的各路输入电压值进行比较，分析误差原因。

表 26 - 3 A/D 转换器数据表

被选模拟通道	输入模拟量	地址			输出数字量								
IN	V_i/V	A_2	A_1	A_0	D_7	D_6	D_5	D_4	D_3	D_2	D_1	D_0	十进制
IN_0	5	0	0	0									
IN_1	4.0	0	0	1									
IN_2	3.5	0	1	0									
IN_3	3.0	0	1	1									
IN_4	2.5	1	0	0									
IN_5	2.0	1	0	1									
IN_6	1.5	1	1	0									
IN_7	1.0	1	1	1									

26.6　注意事项

（1）实验中要熟悉 ADC0809、DAC0832 各引脚功能和使用方法。

（2）实验前事先拟订各个实验内容的具体实验方案。

（3）为节约时间，事前绘好完整的实验线路和所需的实验记录表格。

26.7　报告要求

整理实验数据，分析实验结果。

附录 常用集成电路外引线排列及功能

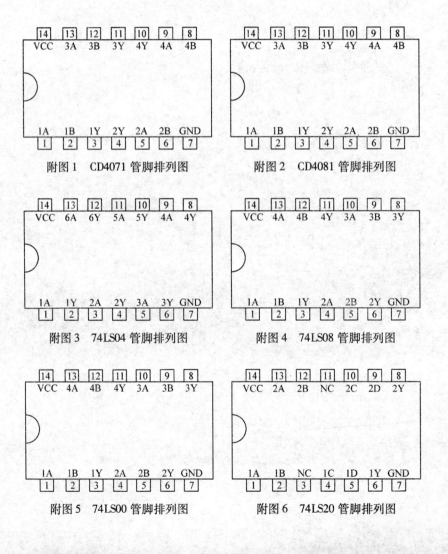

14	13	12	11	10	9	8
VCC	3A	3B	3Y	4Y	4A	4B

1A 1B 1Y 2Y 2A 2B GND
| 1 | 2 | 3 | 4 | 5 | 6 | 7 |

附图1 CD4071 管脚排列图

附图2 CD4081 管脚排列图

附图3 74LS04 管脚排列图

附图4 74LS08 管脚排列图

附图5 74LS00 管脚排列图

附图6 74LS20 管脚排列图

26.6　注意事项

（1）实验中要熟悉 ADC0809、DAC0832 各引脚功能和使用方法。

（2）实验前事先拟订各个实验内容的具体实验方案。

（3）为节约时间，事前绘好完整的实验线路和所需的实验记录表格。

26.7　报告要求

整理实验数据，分析实验结果。

附录 常用集成电路外引线排列及功能

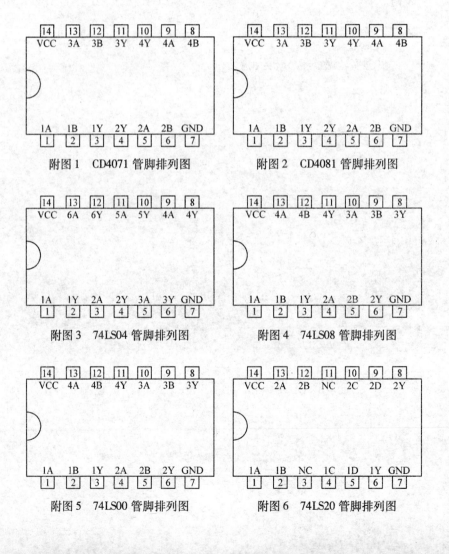

附图1　CD4071 管脚排列图

附图2　CD4081 管脚排列图

附图3　74LS04 管脚排列图

附图4　74LS08 管脚排列图

附图5　74LS00 管脚排列图

附图6　74LS20 管脚排列图

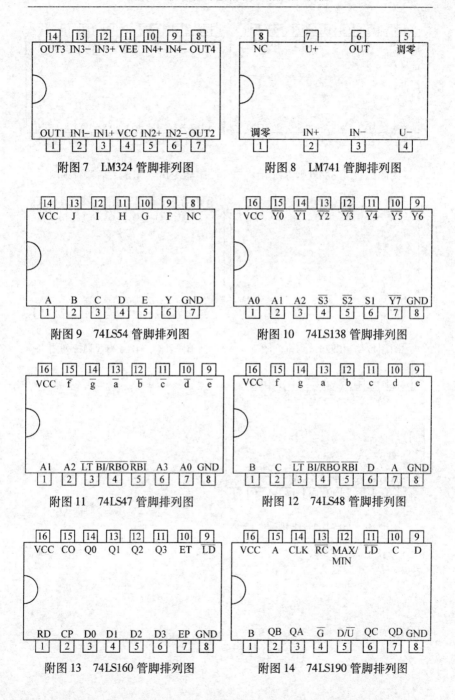

附图7　LM324 管脚排列图

附图8　LM741 管脚排列图

附图9　74LS54 管脚排列图

附图10　74LS138 管脚排列图

附图11　74LS47 管脚排列图

附图12　74LS48 管脚排列图

附图13　74LS160 管脚排列图

附图14　74LS190 管脚排列图

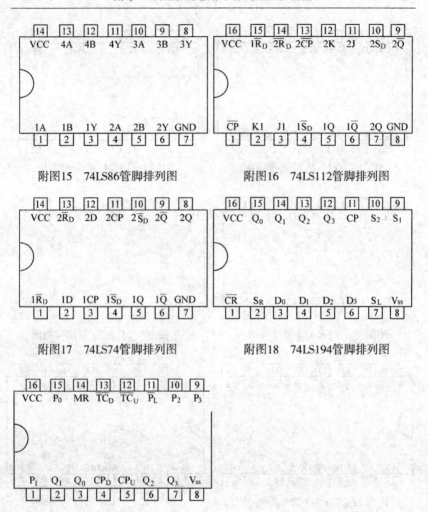

附图15　74LS86管脚排列图　　　　附图16　74LS112管脚排列图

附图17　74LS74管脚排列图　　　　附图18　74LS194管脚排列图

附图19　74LS192管脚排列图

参 考 文 献

［1］胡宴如．模拟电子技术［M］．北京：高等教育出版社，2002．
［2］杨志忠．数字电子技术［M］．北京：高等教育出版社，2000．
［3］刘修文．实用电子电路设计制作［M］．北京：中国电力出版社，2005．
［4］王光福．实用电工电子技术实验实训教程［M］．成都：电子科技大学出版社，2006．

冶金工业出版社部分图书推荐

书　名	作　者	定价（元）
现代企业管理（第2版）（高职高专教材）	李　鹰	42.00
应用心理学基础（高职高专教材）	许丽遐	40.00
建筑力学（高职高专教材）	王　铁	38.00
建筑CAD（高职高专教材）	田春德	28.00
冶金生产计算机控制（高职高专教材）	郭爱民	30.00
冶金过程检测与控制（第3版）（高职高专教材）	郭爱民	48.00
天车工培训教程（高职高专教材）	时彦林	33.00
冶金通用机械与冶炼设备（第2版）（高职高专教材）	王庆春	56.00
矿山提升与运输（第2版）（高职高专教材）	陈国山	39.00
高职院校学生职业安全教育（高职高专教材）	邹红艳	22.00
煤矿安全监测监控技术实训指导（高职高专教材）	姚向荣	22.00
冶金企业安全生产与环境保护（高职高专教材）	贾继华	29.00
液压气动技术与实践（高职高专教材）	胡运林	39.00
数控技术与应用（高职高专教材）	胡运林	32.00
洁净煤技术（高职高专教材）	李桂芬	30.00
单片机及其控制技术（高职高专教材）	吴　南	35.00
焊接技能实训（高职高专教材）	任晓光	39.00
心理健康教育（中职教材）	郭兴民	22.00
机械优化设计方法（第4版）	陈立周	42.00
自动检测和过程控制（第4版）（本科国规教材）	刘玉长	50.00
电工与电子技术（第2版）（本科教材）	荣西林	49.00
FORGE塑性成型有限元模拟教程（本科教材）	黄东男	32.00